はじめての
メダカ

メダカの第一人者・青木先生が
ていねいに教えます！

JN021093

みなさんはメダカを見たことがありますか。メダカは身近でとってもかわいい魚です。この本では、メダカ飼育のいろんな楽しさを紹介していきます。最初に、さまざまな品種のメダカを見てみましょう。人気のものから、見たこともない貴重な種類など、たくさんのメダカがいますよ

クリアブラウン光ダルマ

希少価値の高いダルマと光メダカの特徴が同時に現れたメダカだよ。

三色ラメ光メダカ

これは三色の特徴と光メダカの特徴が同時に現れたメダカですね。

朱赤メダカ

赤くてきれい。お店でよくみかけることができるメダカよね。

朱赤ヒレ長

朱赤の中でも、ヒレ長は泳ぐ姿がとても優雅なメダカなんだよ。

黄金ヒレ光

黄金系の渋い体色で日本メダカらしく美しいよね。ヒレの縁に光が現れるんだ。

オレンジブラックリム

黒い色素が鱗の周囲に散らばっていて、古代の魚のようですね。

幹之透明燐系

体が透ける透明な燐がとてもきれいなメダカね。

ヒレ長ヒレ光

長いヒレの縁に光が現れるのでとても華美な姿だよね。

三色ラメメダカ
さんしょく

このメダカは白・黒・朱の色素がまばらに現れ、さらにラメにもなっているんだよ。

三色ラメ光
さんしょく　　　ひかり

三色ラメメダカの光体型なのでますます光っているんだね。

7

アルビノメダカ

アルビノというのは、メラニン色素が欠乏した体のものよね。
かわいいわね。

三色ダルマ

ダルマメダカは体色で希少さがずいぶんが変わってくるんだよ。

ブルーアイ黒抱卵

目の周りにグアニンというものが現れるので、スモールアイに似ているんだけど目は見えているんだ。

二色ヒレ長

ヒレ長のもので白と朱の色合いだから、なんか紅白で縁起が良さそうだね。

はじめに

　2010年4月に「メダカの飼い方と増やし方がわかる本」を執筆して14年が経ちました。メダカ飼育専門書の元祖として知られ、最も多くの人に親しまれているメダカの本と言われてます。今では当時とは比べ物にならないほどメダカ飼育が一般化しています。

　ペット市場においても犬・猫に次いでメダカと言われるまでとなりました。

　この本はメダカに興味をもった初心者の方でもわかりやすい内容を目指して執筆をしました。Q&A形式でトピックごとにまとめているので、この一冊があればメダカ飼育が問題なく楽しめるはずです。加えて今回はバクテリアについても触れており、最初の本以上に広くわかりやすくをイメージしています。メダカ飼育のコツはいかに自然に近づけていくのかがポイントであり、これはメダカ以外のどんな生き物飼育にも通じるものです。

　日本メダカは江戸時代から水田において稲を痛める害虫を食べ

活躍してきた歴史があります。そのためメダカは英語でライスフィッシュと呼ばれます。

　我が国の文化そのものだと感じます。日本で最も小さな淡水魚であり、その奥ゆかしい色合いと静かに群れを成して泳ぐ姿はいまだに私の心を揺さぶります。

　このメダカが、いつか日本のアイコンとなる日がやってくるのではないかとさえ思っています。

　それでは、最初の本と同じ言葉からスタートしましょう。

めだかやドットコム
青木崇浩

　ようこそ、メダカの世界へ

もくじ

メダカを知ろう！

① メダカの体

Q メダカってすごく小さいけれど、どんな体をしているの？　ほかの魚との違いはどんなところにあるのかな？

A 目が大きく、高い位置にあるから「メダカ」だよ

　　メダカの体の全長はわずか３〜４センチと、日本一小さな淡水魚として知られています。もっとも大きな特徴は、目が大きく、高い位置についていること。これが「目高＝メダカ」といわれるゆえんとされています。

　　体の構造はほかの魚と大きく違いませんが、背中は平らで、背ビレが尻ビレよりも後ろについています。またメダカ

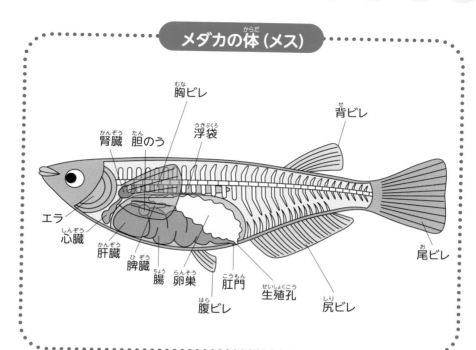

メダカの体（メス）

胸ビレ

背ビレ

腎臓　胆のう　浮袋

エラ

心臓

肝臓

脾臓

腸　卵巣　肛門　生殖孔

尻ビレ

腹ビレ

尾ビレ

は背骨と内臓の間に浮袋があり、2つに分かれた浮袋を持っているのが特徴的です。血中の酸素を使って前をふくらませたり、後ろをふくらませたりすることができ、調節しながら泳いでいます。

　メダカは「無胃魚」と言われていて、内臓の中に胃を持っていません。消化器菅が胃と腸の両方の役割を果たしていますが、食べ物を胃にためておけないため、メダカをふっくらと成長させるにはエサの回数を増やす必要があります。

ココが大切！

　目が大きくて高い位置についているから「メダカ」だけど、品種改良メダカの中には、スモールアイといった小さな目が特徴のメダカもいるよ。また、オスとメスで体のつくりが少し違うのも面白いところだよ（次ページを見てみよう！）

復習

2 メダカのオスとメスの違い

Q メダカにもオスとメスがいると思うけど、見た目でもわかるのかしら？　違いを見分けるポイントがあれば教えてください。

A じつは見た目で簡単にわかります!

　メダカを一見すると、どれも同じ⁉ と思うかもしれませんね。でも実際には、オスとメスを見分けるのはそれほど難しくありません。たとえば、横から見ると簡単に見分けられます。メダカがじっとしているときに、目をこらして見てみましょう。

　まず、オスの背ビレはメスよりも大きく、ギザギザした形をしているのが特徴です。尻ビレもメスよりも大きく、やや台形の形をしているのに比べ、メスの尻ビレは三角形に近い形をしています。また5月〜9月の産卵期になると、オスの尻ビレが白く変わっていくのも特徴の一つです。

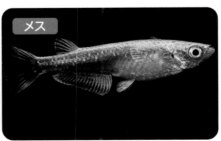

▲オスとメスの判断はヒレの形で見分けます。

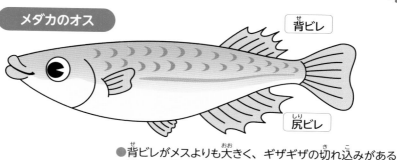

メダカのオス

背ビレ

尻ビレ

● 背ビレがメスよりも大きく、ギザギザの切れ込みがある
● 尻ビレに小さな切れ込みがあり、ギザギザしている

メダカのメス

背ビレ

尻ビレ

● 背ビレがオスよりも小さく、丸みがある
● 尻ビレに丸みがあって、オスよりも小さい

　全体的な体の形も、オスとメスでは少し違っています。オスよりもメスのほうが丸みがあって、肛門の部分にも違いが見られます。

　メダカの種類の中でもヒカリメダカは背ビレが大きく、尻ビレがひし形なのが特徴的で、ヒレに注目することでいっそう見分けがつきやすいです。

ポイント ココが大切！

　メダカのオスとメスを見分けるのに、とくにわかりやすいのは背ビレと尻ビレの違いです。まずはこの点をしっかりと見てみましょう。自分の目でオス・メスを判別できるようになると、いっそうメダカへの興味や愛着がわいていきますよ。

復習

③ メダカの体で注意が必要なのは?

Q メダカを飼うとき、元気な状態かどうかを知るにはどんなところを見ればいいですか?
ポイントがあれば教えてください。

A 体の部位を見ると健康かどうかわかります

メダカを真上から見たとき、体に厚みがあって、きれいな流線形であるのが理想形です(下の写真)。ほかにも次のようなポイントがありますので、チェックしてみましょう。

◇目=白くにごっていたり、充血していないか?
◇ヒレ=ささくれや、溶けていたり、傷ついていないか?
◇口=白い綿のようなものがないか? 出血はないか?
◇尾=細くなっていたり、ボロボロになっていないか?

こうした点があると、健康に問題が生じているかもしれません。

元気なメダカの姿

チェックポイント

メダカを真上から見て、体に厚みがあって流線形であるほか、ヒレは大きくきれいに長いものが理想的です。そして、水の中を元気に泳いでいれば健康なメダカということがわかります。

第1章
メダカを知ろう

第2章
メダカの飼育と観察

第3章
自然環境の水槽づくり

我が家のメダカの
プロフィール

観察チェックリスト

注意が必要なメダカの姿

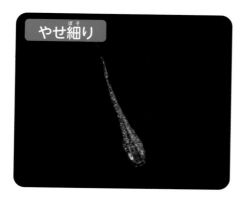

やせ細り

体がやせてしまっているメダカは注意が必要です。原因はさまざまで、一度やせ細った体になってしまうと、理想的なふっくらとした姿になることはなかなかできません。

やせて元気がなくなり、泳ぎ方がおかしくなって死んでしまうこともあります。

背曲がり

体が曲がってしまっているメダカも要注意です。遺伝などによって生まれつき曲がっている場合も多いのですが、背曲がりは体が弱いメダカに多く見られます。

栄養不足やストレス、ケガなどによって起こることも少なくありません。

ココが大切！

見た目のチェックによって、元気なメダカか、そうでないかを見分けることができます。そのためにもメダカの体の状態をしっかりと観察することが大切です。メダカも人間と同じように、体の状態が良くないと何かのサインが現れるのです。

復習

➡ メダカの病気については80〜85ページを見てね！

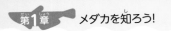

4 メダカはどんな魚？

Q メダカは身近な魚だけど、どんな魚なのかをあまり知りません。メダカを飼う前に知っておいたほうがよいことを教えてください。

A 基本的なことを知れば誰でも飼えます

　メダカは、その性質を知ってしっかりと世話をしていけば、誰でも簡単に飼うことができる魚です。ちょっとしたコツをつかめば、自分でふ化させることもできます。

　卵からかえり、稚魚そして大人の成魚になるまで約３カ月かかりますが、その間の成長を観察して楽しむことができます。まずはメダカがどのような魚かを知ることから始めましょう。

Q メダカの先祖は？

　昔から日本にいる「キタノメダカ」と「ミナミメダカ」がメダカの先祖で、私たちがふだん慣れ親しんでいる「メダカ」は、その掛け合わせによる改良メダカです。古くさかのぼれば、江戸時代に観賞用として「ヒメダカ」が存在していますが、日本メダカはこの２種を指します。

Q メダカの寿命は？

　メダカの平均寿命は通常１〜２年です。中には４年以上生きたという例もあります。

　ただし、水温が急激に変化するなど飼育する環境が良くなかったりすると、もともと弱いメダカの場合はすぐに死んでしまうこともあります。

Q メダカって絶滅危惧種ってホント？

近年の都市開発や農薬などの影響で、小川や水田などにいたメダカが減ってしまいました。そのため野生のメダカがいなくなり、絶滅が心配されています。ただ最近はメダカの保護活動も行われるようになり、野生のメダカも戻りつつあります。

Q 日本のメダカと外国のメダカの違いは？

日本のメダカの魅力の一つは、シンプルな形と色です。いっぽう外国のメダカ類は、グッピーのように鮮やかな色が多いことが特徴です。どちらにもそれぞれ良さや魅力がありますから、自分の好みなどをよく考えて飼うとよいでしょう。

メダカは丈夫な魚！ カンタンに繁殖できる

メダカは体が小さいため、弱い魚では？と思われがちですが、実はそんなことはなく、とても丈夫で育てやすい魚です。環境の変化に比較的強いことから複雑な道具や手間もいりません。手軽に誰でも簡単に飼うことができます。

また、ほかの魚に比べて繁殖が簡単にできる点も大きな魅力。生まれたての稚魚の可愛らしい姿が見られるのも楽しみの一つです。

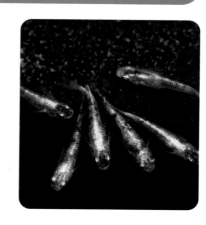

ポイント ココが大切！

メダカは条件さえ守れば、屋内でも屋外でも飼うことができる丈夫な魚です。また道具や手間がそれほどかからず、飼育費用が安価なのもうれしい点でしょう。飼い方を間違わずに愛情を注いでいけば、元気に大きくなるので育てがいのある魚です。

復習

⑤ メダカの暮らし

Q メダカはどこに住んでいて、どんな1日を過ごしているの？ 野生のメダカのふだんの暮らしを教えてください。

A メダカも朝に起きて、夜には眠っています

　野生のメダカがどんな暮らしをしているのか？ 多くの人はあまり見たことがないかもしれませんね。自然界のメダカは、日の出とともに動き始めます。日中は主にエサを探して食べることに時間をつかうほか、産卵期のメスは産卵をして過ごします。

　そして日が暮れてあたりが暗くなってくると、動きがにぶくなって、やがて眠りにつきます。魚にはまぶたがないため、目を閉じることはありませんが、どんな魚でも眠ります。メダカも同じように、夜になって暗くなると眠っているのです。

▶池や海、川が住みか

　野生のメダカは日本各地の池や沼、川や田んぼなどを住みかにしています。とくに、水の流れがゆるやかな、水草の生えた陽だまりの浅瀬にいることが多くあります。そこにはメダカのエサとなる微生物がたくさんいるからです。

▲改良メダカの祖先は、本州の河川に生息する野生メダカです。

メダカの「なわばり」行動

メダカは仲間を見つけると近づく習性があり、群れをつくります。群れをつくったメダカは、みんな同じ方向を向いて泳ぐ性質があるのもおもしろいところです。

池や小川、田んぼなどにいる野生のメダカでは、あまり「なわばり行動」は見られませんが、水槽でメダカを飼うと、群れになったあとでケンカや小競り合いといった「なわばり行動」が見られることがあります。ただし、なわばり行動によって弱いメダカが殺されてしまうようなことはありません。

また、群れはメダカの種類の違いでつくられるわけではないため、水槽に入れるときに種類を気にする必要はありません。

野生のメダカと出合える場所

季節 ＝春～夏　　時間 ＝朝～夕方

場所 ＝池や小川、田んぼなどの浅瀬

▶約3カ月で成魚になる!

卵からふ化したあと、稚魚をへて大人の成魚になるまで約3カ月かかります。同時に産卵された卵も、時期をずらしてふ化していきます。

ココが大切!

野生のメダカは朝明るくなると起きて活動を始め、夜暗くなると眠りにつきます。また、冬眠もします。ふだんは池や小さな川、田んぼなど水の流れがゆるやかな、水草の生えた陽だまりの浅瀬にいることが多いので、探してみると楽しいよ!

復習

6 メダカの喜ぶ環境を知ろう

Q 野生のメダカが好む環境はわかったけれど、自分で飼うときに気をつけたい「メダカ環境づくり」にはどんなものがありますか？

A 日本のメダカは軟水の環境を好みます

　メダカは水の中で暮らす生き物ですから、「水質」がとても大切です。そして日本メダカはその名のとおり、日本の水質を好むといっていいでしょう。

　日本の主な水質は「軟水」で、メダカもその環境を好みます。水は含まれるカルシウムとマグネシウム、ミネラルの量によって「硬水」「軟水」に分けられ、メダカはミネラルの量が少ない軟水のほうを好むのです。また、よく「メダカの飼育には川の水を使うと良い」といいますが、雑菌が多いためあまりおすすめしません。

日本の水道水はメダカにも安全

　川の水や井戸の水はおすすめしませんが、井戸でも深いところにある水や地中の近くから湧き上がる「湧き水」は雑菌も少なく、メダカにとっては理想的でしょう。でも実際には、そうした水はなかなか近くにはありません。

　ですから、水は水道水で大丈夫。日本の水道から出てくる水の安全性は世界でも最高の水準です。水道水からカルキを抜いた水がもっとも安全で、メダカの飼育に最適なのです。

カルキが抜ければ安全な水!

　私たちがふだん使っている水道水は、消毒のために塩素が含まれています。この塩素のことをカルキといいます。カルキは人間が口にしてももちろん問題ありませんが、体の小さなメダカにとっては注意が必要です。

　日の当たるところにくみ置きした水道水を6時間程度置けばカルキ抜きができます。この水を使えばメダカにとって安全になるのです。

注：カルキは次亜塩素酸カルシウムの呼称ですが、現在水道水の殺菌は亜塩素酸ナトリウムによって行われるため、厳密にはカルキではありません。

水換えはどうして大事なの？

　メダカを飼うときにもっとも大事な一つが、水質を毒素のたまらない状態に保つことです。

　メダカのフンやエサの食べ残しが水槽の中にたまると、次第に毒素に変わり、メダカは生きていけなくなります。それを防ぐために、こまめな水換えが必要なのです。

ココが大切！

　メダカはきれいな水で飼育しなければなりません。室内水槽はフンなどによって毒素がたまりやすい環境です。カルキを抜いた安全な水で飼育することをこころがけましょう。

復習

野生メダカ

野生種は敵から身を守れるように、川の中で目立たない色合いをしてるんだ。

朱赤ラメヒレ長

私みたいに、はじめての改良品種を飼うのに向いている、入手しやすく育てやすいメダカなのよ。

メダカ の 飼育と観察
しいく かんさつ

① メダカを飼う前に知っておきたいこと

Q メダカを飼いたいのですが、初めてなので不安もあります。飼う前に知っておくべきことや、心の準備について教えてください。

A 最後まで愛情をもって育てましょう

　メダカは丈夫で飼いやすい魚と紹介してきましたが、間違った飼育をしてしまったり、正しい知識や心構えをもっていなければけっしてうまくはいきません。ある日突然、全滅していた…ということもありえるのです。

　そうしたことにならないよう、メダカを飼うための正しい知識を身につけ、飼い始めたら最後まで愛情をもつことが何より大切です。メダカは小さくても、命のある生き物です。いっときの気分で飼うのではなく、責任をもって育てていきましょう。

 ポイント！ 　**メダカを飼う前の心構え**

■ 毎日愛情をもって育てること
■ メダカのエサやりや、水換えの手間を惜しまない
■ メダカのエサや道具にはきちんとお金をかけて準備する
■ メダカの飼育のために正しい知識を身につける
■ メダカは小さくても生き物。世話をする自信がなければ飼ってはダメ

メダカを飼う前の準備

1 屋内で飼うか？ 屋外で飼うか？

メダカは屋内でも屋外でも飼うことができます。屋内であれば、秋と冬に水温調節をすれば、ほぼ1年を通してメダカ飼育を見て楽しむことができます。

いっぽう、ヒカリメダカなど上から見て美しいメダカは、屋外のスイレン鉢などで飼うと、水槽とはまた違った楽しみ方ができます。屋内・屋外によって、準備する道具や方法が違うので注意しましょう。

水槽を置く場所はどこにする？

屋内で飼うとき、水槽は窓際などの日光の当たる場所に置くのがおすすめです。太陽の光によってメダカの生活リズムが安定するからです。ただし、夏に直射日光が当たると水温が急上昇してしまうので陽をさえぎる工夫が必要です。

ココが大切！

メダカを飼うときは、生き物に愛情をもって接する気持ちが欠かせません。エサやりや水換えを忘れてしまうことは、メダカにとって大変な問題であることを知っておきましょう。飼う場所も、慎重に決めていくことが大切です。

復習

31

2 飼育道具をそろえよう

Q メダカを飼うために必要な道具には何がありますか？　どのようにそろえればいいのでしょうか？

A メダカ飼育に大がかりな道具は不要です

　必要な道具はいくつかあります。前のページでも少しふれましたが、道具を準備する際には、買わなければいけないものもあるでしょう。ただ、いずれもそれほど高価なものではありませんから、多少の出費は覚悟して道具はしっかりとそろえてほしいものです。

　メダカは熱帯魚のように大がかりな道具は必要なく、水質をきれいに保てば健康に育ちます。次に説明する道具などを準備して、責任と愛情をもって育てていきましょう。

飼育に最低限必要な道具はなに？

　メダカを飼うときに最低限必要なのは、飼育容器、水、エサです。水はカルキを抜いた水道水を用意し、水の量はメダカ1匹に対して1ℓ以上必要になります。飼育容器はガラス製が傷つきにくいのでおすすめです。

　エサはペットショップなどで売っていますので、できれば稚魚用と成魚用の2種類を準備しておきましょう。またメダカを別の水槽に入れ換えたり、水の中のゴミを取るための小さなアミがあると便利です。

第1章
メダカを知ろう

第2章
メダカの飼育と観察

第3章
自然環境の水槽づくり

我が家のメダカの
プロフィール

観察チェックリスト

▶最初に必要なもの

◰ 水槽などの飼育容器…ガラス製がおすすめ
◰ エサ…できれば2～3種類を用意
◰ 水…カルキ抜きしたもの（1匹に1ℓ）
◰ アミ…メダカの入れ替えやゴミ取り用に

▶あると便利なもの

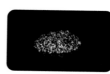

◰ 水温計…水温の細かい変化を知るため
◰ ソイル（底砂利）…メダカに安心感を与え、水をきれいに保つ
◰ 水草…水質を良くしたり、メダカのかくれ場所になる
◰ エアポンプ…水の中に酸素を送る。飼育数が多いと必要
◰ フィルター…汚れた水をろ過するため
◰ 隔離用の容器…稚魚の育成や病気の治療用に使う

ポイント！ メダカを上手に飼育するための7カ条

❶ 最後まで育てあげるという責任と
　愛情をもつ
❷ 過密飼育はしない。1匹1ℓが基本
❸ きれいな水を入れた水槽の中で育てる
❹ エサを与えすぎない
❺ 1日2回、メダカの様子を見る
❻ 水槽をたたいたりしない。かまいすぎない
❼ 一度飼育したメダカを自然界（川など）に放流しない

ココが大切！

　メダカを飼うとき、最初に最低限必要なものは飼育容器と水とエサです。そのほか、あると便利なものとして、水温計や底にしく砂利、水草やエアポンプ、フィルターなどがあります。いずれもメダカを元気に育てていくために大切なものです。

復習

3 水槽をセットする

Q メダカを飼うための道具を用意したので、水槽をつくりたいと思います。メダカが元気に暮らせる水槽のセット方法を教えてください。

A メダカの数に見合った水槽を用意します

　いうまでもなく、水槽づくりはメダカを飼ううえでとても大切です。ポイントは、飼おうとするメダカの数に見合った水槽の大きさにすること。メダカの数にふさわしい水の量が入る水槽を用意することが大事です。

　水槽の大きさは、メダカ1匹について1ℓの水が必要であることを忘れずに選びましょう。少ない飼育数なら小さめの水槽でも飼育できますが、金魚鉢のような入り口が狭くなっているものは避けたほうがよいと思います。

 **ポイント①** 水槽は適切な大きさで

　水1ℓに対してメダカ1匹くらいのイメージで飼育すると水質の変化もおだやかになり、酸欠にもなりません。5ℓなら5匹というよりも、5ℓに対しては3匹など、水の量に対してなるべく少なめのメダカで飼育してあげるのがコツです。

水槽の大きさと飼育数の目安

サイズ	容積	飼育数
30cmの水槽 （ヨコ30×タテ19 ×奥行25cm）	12ℓ	10～12匹
45cmの水槽 （ヨコ45×タテ24 ×奥行30cm）	32ℓ	20～25匹
60cmの水槽 （ヨコ60×タテ30 ×奥行36cm）	65ℓ	45～50匹

ポイント❷ 「水をつくる」ことが大切!

水槽をセットするときに気をつけなければいけない大事な一つが、「水をつくる」ことです。メダカを飼うときに、水質はとても大事です。

メダカにとって良い水質とは、不純物が少なく透明できれいな水。そしてメダカは酸性やアルカリ性にかたよらず、中性に近い水を好みます（水質については 38 ページを見てください）。そのため水槽をセットするときに、メダカの喜ぶ水をつくることが必要なのです。

CHECK! 水づくりのポイント

◆日光に当てる

水道水からカルキを抜くために、一晩くみ置きし、日中は日光に当てるようにします。

◆中和剤（カルキ抜き）をつかう

市販されている中和剤を利用します。中和剤は必ず新鮮な水に使うようにしましょう。

▶フィルターを入れるときの注意点

フィルターにはエア式とモーター式の 2 種類があります。ただ、水の量とメダカの割合を守り、きちんと水換えをしていれば、とくに必要はありません。

ポイント ココが大切!

水槽をセットするときに大切なのは、メダカの数に見合った水の量を確保すること。それに適した大きさの水槽を用意しましょう。また、水槽は深さのあるものより、水面の面積が広いもののほうが、メダカが酸素を取りこみやすくなります。

復習

35

4 水槽づくりの手順

1 水をつくる

水のカルキ（塩素）はメダカにとってよくありませんから、必ずカルキ抜きをしましょう。バケツなどにくみ置きした水道水を日光の当たるところに1日置いてカルキを抜きます。

2 ソイル（底砂利）をしく

水槽に丸い粒状のソイルを入れます。水槽用のソイルはペットショップに売っていて手軽に手に入ります。砂利の場合は、バケツなどの容器に水と一緒に入れて洗ったあと、水槽の底にしきます。

3 ソイルの上にビニールをかぶせる

水槽の底にしいたソイル（または砂利）の上にビニールをかぶせます。ビニールはソイルの表面をおおってしまうくらいの大きさが必要です。

水槽は、メダカが生活する「家」になるものです。これから育てるメダカたちが快適に過ごせるよう、水槽づくりはていねいに行っていきましょう。

④ 水を入れる

カルキを抜いた水を水槽にそそぎます。ビニールの中央にていねいにゆっくりとそそいでください。ビニールがあるおかげで水のにごりがおさえられます。

⑤ ビニールを取り除く

水がそそぎ終わったら、ビニールをゆっくりと取り除きます。慌ててビニールを取ってしまうと、水がにごってしまいますから慎重に行いましょう。

⑥ ゴミを取って完成

最後に、水の中や水面に浮かんでいるゴミをアミなどですくい取り、水をきれいにします。石や水草を入れる場合は、このあとに行っていきます。

5 メダカが好む水質を知ろう

Q メダカが元気で健康に過ごせる水質について、もう少しくわしく教えてください。

A 水質の急激な変化には要注意

　メダカはもともと丈夫な魚ですが、環境の急激な変化に弱い面があります。とくに水質には敏感なところがありますから注意しなければなりません。たとえば、購入したメダカをそのまま水槽に入れたりすると、水質の違いにおどろいてショックを起こすこともあります。そうならないように水質に慣らせるのが「水合わせ」です。

　水合わせは、引っ越し先の水にメダカを徐々に慣らしていくことです。手順は下のとおりですから必ず行いましょう。

メダカを水に慣らす「水合わせ」の手順

① ▲メダカの入ったビニール袋ごと水槽に浮かべて、30分ほど置きます

② ▲袋の中に水槽の水を30分ごとに2～3回入れ、水槽に戻します

③ ▲2.の作業でメダカを水にならしたあと、メダカだけ水槽に入れます

1日くみ置きした水道水がpHも一定で安全

これまでもカルキを抜いた水道水が最適と説明してきましたが、理由として、水はきれいであるだけでなく、最適なpH（ペーハー）が必要だからです。

日本の水道水はpHが一定しているため、1日くみ置きしてカルキを抜いた水道水がメダカ飼育には適しています。

CHECK! 使ってよい水とダメな水

◎水道水（カルキが完全に抜けた水）

○ミネラルウォーター（pH中性・軟水であれば安全）

○深い井戸水（地中深くから吸い上げる水は安全性が高いです）

△浅い井戸水（雑菌が含まれる可能性があります）

△河川の水（都会の河川は水質問題もあり、安全とは言えません）

×海水（塩分への耐性はありますが、海水では飼育できません）

pH（ペーハー）って何？

pHとは酸性かアルカリ性かをはかる尺度で、メダカに最適なpHは6.5～7.5です。

pHをはかる品質検査キットはお店で販売されています。

▲pHの測定キット

ココが大切！

メダカが新しい水質に慣れるために「水合わせ」は欠かせません。水槽をセットしたあと、メダカを入れる際に必ず行いましょう。水合わせが済んだあとも、メダカが新しい環境に慣れたかどうか1週間はこまめに観察することを忘れずに。

復習

⑥ メダカが好む水温は?

Q 屋内でメダカを飼いたいのですが、メダカが元気に暮らせる水温は何度ですか? 季節によって調節する必要はありますか?

A 季節にも気をくばり最適な水温をキープ

メダカにとっての最適な水温は、15 ～ 26 度です。メダカは変温動物のため、飼うときには水槽内の水温をある程度一定にしてあげる必要があります。

30 度以上の高温や、氷がはるような低温に耐えることもありますが、長くいると次第に弱っていきます。とくに夏や冬など温度が変わる時期は注意が必要です。季節にも気をくばりながら、最適な水温になるよう努めましょう。

どうして水温が大事なの?

メダカにかぎらず、魚は基本的に変温動物です。

変温動物というのは、外部の温度に応じて体温が変化する動物のことをいいます。体温調節能力がありませんから、水温が極端に上がったり下がったりすると耐えられないのです。

メダカの飼育に適切な水温は20〜26度

メダカが元気に過ごせる水温は、右の図のように20〜26度です。

だいたい15度を下回るとだんだんと元気がなくなり、0〜5度まで下がると水底でじっとしてほとんど動かなくなります。また30度を超えると元気がなくなり、食欲も落ちていきます。

急激な温度変化はメダカにとって大きなストレスになるのです。

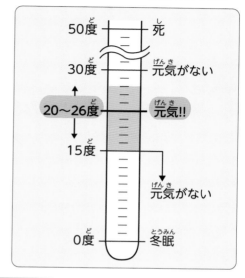

50度	死
30度	元気がない
20〜26度	元気!!
15度	元気がない
0度	冬眠

水温はこうやって調整しよう

● 室内が寒くなったら…
▶ 水槽の中にヒーターを入れて、水温を上げるようにします

● 室内が暑くなったら…
▶ 冷房で室内を冷やすなど、水温を下げる工夫をしましょう

ココが大切！

メダカの飼育に適した水温は20〜26度。屋内で飼う場合、それほど水温は変化しませんが、夏の暑い日や冬の寒い日などは注意が必要です。また屋外で飼うときは夏の直射日光は禁物。よしずなどで日光をさえぎる工夫しましょう。

復習

7 メダカに合う水草

Q メダカの水槽に水草があるととてもきれいです。ボクも入れたいのですが、そもそも水草って何のために入れるのですか？

A 水草にはいろいろな役割があります

　ゆらゆらと水中にゆれる水草は、水槽の中をきれいに見せてくれますね。でも、水草の良い点はそれだけではありません。メダカにとって大切な役割がいろいろとあるのです。

　もともと、野生のメダカが住むところにはさまざまな種類の水草が生い茂っています。同じような環境を水槽につくってあげることでメダカも喜びます。ちなみに水草を植えるのは、水槽に水を入れたあと、メダカを入れる前が最適です。

水草には大事な役割がある

　メダカにとって水草は、急な水の流れをさけるかくれ家になったり、産卵のときにはメスが卵を産む場所にもなります。

　また、水草は光合成をすることで酸素を放出したり、水の中の余分な養分を吸収して水質をきれいにする役目もあります。

▶水草を植えよう

水槽に水草を植えるときに必要なのは、ソイルとよばれる底砂利や砂です。ソイルには、水草へ栄養を供給する役割があり、水草を植えるときに欠かせないものです。

市販されているソイルの多くは水草が必要とする栄養分を含んでいますから、水草が元気に育ちやすくなります。

▲ソイルを入れた水槽

▶水槽の中で数種類を組み合わせる

水草を数種類組み合わせるときは、同じ種類の水草をまとめて植えるときれいでしょう。ただし、入れすぎると、メダカの泳ぐスペースがなくなりストレスの原因となります。

水槽の大きさなど全体のバランスを考えながら水草をうまく組み合わせて、メダカにとって住みやすく、美しい水槽をつくりましょう。

ポイント ココが大切！

水草は水槽の見た目を美しくするほか、メダカにとっても大切な役割を果たすものです。入れすぎは禁物ですが、いくつかの種類の水草を組み合わせるなど、自分なりのアレンジを楽しみながら植えてみましょう。

復習

8 おもな水草の種類

ひとえに水草といっても、種類はたくさんあります。水槽にしくソイル（底砂利）や水の環境によっても、しっかり育つ水草とそうでないものがあります。下にあげた「マツモ」や「アナカリス」「アマゾンフロッグピット」は初級者向きの育てやすい水草です。水草は➡72ページでたくさん紹介しています。

マツモ

▲どこでも購入しやすいもっともポピュラーな水草です。

アナカリス

▲メダカ飼育で人気のある一般的な水草です。

アマゾンフロッグピット

▲浮き草の代表的な水草で、水がきれいだと増えていきます。

キューバ・パールグラス

▲前景草といって成長しても高く伸びない水草です。

ニューラージ・パールグラス

▲キューバ・パールグラスよりも簡単に根づきやすいです。

リシア

▲美しいコケ植物の一種です。しっかり根づかせるのが難しい水草でもあります。

グロッソスティグマ

▲成長が早く育てやすい、初心者にもおすすめです。

ショート・ヘアーグラス

▲通常のヘアーグラスよりも草の丈がやや短いのが特徴です。

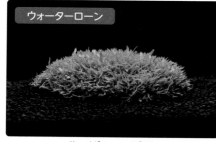

ウォーターローン

▲ぎっしりと葉を茂らせる水草です。

ヒドロコティレ・ミニ

▲小ぶりな葉がかわいい水草。小さな水槽に向いています。

⑨ メダカのエサの種類

Q メダカって何を食べるのかしら？ エサには どんなものがありますか？

A メダカのエサにはいろいろな種類があります

　メダカが食べるエサは一つではなく、種類がいくつかあります。実はエサによって好き嫌いがあり、コイと同じようにメダカにも味覚があると考えられています。

　できればメダカの好むエサをあげたいものですが、いずれにしても、タイミングと量に気をつけることが大事です。メダカの口は水面に浮いたエサを食べやすいようになっているので、浮きやすいドライフードがおすすめです。それぞれの特徴をよく理解して、メダカに合ったエサをあげるようにしましょう。

メダカに合ったエサを選ぼう！

　メダカのエサにはいろいろなものがありますが、大切なのはメダカに合ったエサを選ぶことです。稚魚や成魚によっても適したものは違いますし、食べ残しがでるようだと水槽の汚れにつながってしまいます。

　メダカはドライフードだけでも十分育てられますが、たまにミジンコやイトミミズなどの活餌や冷凍のエサなどを与えると元気に育ちます。

▶エサの種類と保存方法

ドライフード

顆粒の大きさは生体の大きさに合わせて選びましょう。稚魚はパウダー状のものが理想です。

保存方法

密閉して日陰におきます。あまり古くならないうちに使いきりましょう。

活餌

ミジンコやイトミミズなどを与えましょう。ボウフラもよく食べます。活餌は栄養価が高くメダカがもっとも好むエサです。

保存方法

活餌は新鮮であることが大切なので保存せずに使い切りましょう。

冷凍のエサ

活餌が手に入らない、または苦手な人は冷凍のミジンコやブライシュリンプを使います。

保存方法

もともと冷凍されていますから、そのまま冷凍庫で保管します。

ココが大切！

メダカのエサは一つだけでなく、いくつかの種類があります。それぞれの特徴を知り、メダカが好むエサを与えます。基本的にはドライフードだけでも十分に育ちますが、たまに活餌や冷凍のエサを与えると良いでしょう。

復習

⑩ エサの与え方

 Q エサをあげるとメダカが喜ぶのでついついたくさんあげてしまいます…。正しいエサのあげ方があれば教えてください。

A エサやりは「少なめ」が基本です

飼っているメダカがエサを食べてくれるとうれしいものです。しかもメダカは食いだめができない魚なので、いつもエサを求めているようなふるまいをします。

けれども、与えすぎは禁物です。食いだめができないため、腸が壊れて病気になったり食べ残しが増えることによって水質が悪くなります。元気に太らせたい場合は少量をこまめに与える必要があります。自然界では毎日エサを食べられるわけではないので、月に数日エサを与えない日があっても全く問題はありません。

残さない量を目安にする

エサやりの基本は「少なめ」。もっといえば、「残さない量」であることが大切です。

水槽の中にエサの食べ残しがあると、水質を悪化させてメダカの病気の原因にもなります。くれぐれも毎回の与えるエサは、食べ切れる量に調整しましょう。

▶ エサの量はメダカの成長によって変化

与えるエサの目安　成長段階に応じてエサの量と頻度を調節します

	エサの種類	頻度／日	時間
稚魚	ドライフードを指やすり鉢で細かくパウダー状にすったもの	3回	朝昼夕
成魚	ドライフードや活餌、冷凍のエサ	2回	朝夕
産卵期	ドライフード、冷凍のエサ。とくに活餌がおすすめ	2回	朝夕
高齢期	ドライフードや活餌、冷凍のエサ	2回	朝夕

CHECK! エサの与え方と頻度

　エサは基本的には朝と夕方の2回与えるようにします。

　1回のエサの量は2〜3分で食べ切れる量として、食べ残しがでたら次に与える量を減らすなど調整していきましょう。

稚魚にエサを与えるときは?

◆エサはすりつぶしてからドライフードを指やすり鉢ですりつぶしてパウダー状にします。

◆食べ残さない程度の少量で食べ残しがないかを見ながら少しずつ与えます。

ポイント ココが大切!

　エサは「与えすぎ」に注意することが大切です。食べ残しが多くでてしまうと水質悪化の原因になります。エサの量を少なめにして、回数を増やすことでメダカの成長を促進して水質劣化を防げます。

復習

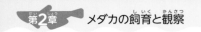
⑪ メダカが喜ぶ活餌

Q メダカが好んで食べるエサに「活餌」があると聞いたのですが、どんなものですか？ どこで手に入るのでしょうか？

A 活餌は自然界にある生きたエサです

活餌は前のページでも少し説明しましたが、イトミミズやミジンコ、ボウフラ（蚊の幼虫）、アカムシ、ブラインシュリンプなどの、自然で採れる生きたエサです。栄養価がとても高いのでメダカがよく育ち、喜んで食べてくれます。

屋外飼育であればボウフラなどは自然に手に入ります。ほかにペットショップなどでも販売されていますが、ドライフードに比べてやや高価で、生のエサのために保存方法にも注意が必要です。

 ## メダカの成長に欠かせない活餌

活餌の良いところは、栄養が豊富につまっている点です。メダカの食いつきもよく、好んで食べてくれることからも、メダカにとっての優れた栄養食といえます。

美しいメダカを育てるためにぜひ用意したいエサでもあります。

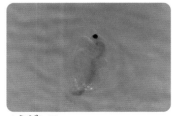

▲ミジンコ

活餌の種類には何がある?

活餌にはいくつかの種類があり、いずれも身近な自然から得ることのできる生のエサです。左ページにもあげたように、イトミミズやミジンコ、アカムシ、ボウフラ、ブラインシュリンプなどが代表的なものです。

▲イトミミズ

ブラインシュリンプは海水よりも塩分濃度の高い環境で生きていて、ふ化させる水も塩分濃度が高いです。メダカ水槽にふ化したブラインシュリンプを水ごと入れると危険です。与える前に塩分を含まない水で流してから与えてください。

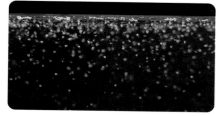
▲ミジンコ

 ポイント! メダカの活餌として「ミジンコ」は最適!

水中でプランクトンとして生活する「ミジンコ」は、メダカの活餌としてとても優れています。とても小さな生きもののため稚魚から食べることができ、栄養価も高いのでエサとして最適です。（→ P60〜65でミジンコの育て方を紹介しています）

ポイント **ココが大切!**

メダカをより健康的に育てるために、活餌に挑戦してみましょう。イトミミズやミジンコ、アカムシ、ボウフラなどの生きたエサは栄養価も抜群で、メダカも喜んで食べてくれます。活餌はペットショップなどでも販売されています。

復習

12 水換えのしかた

Q 水槽の水換えについて教えてください。いつもきれいな水をキープするにはどのようにすれば良いですか？

A 新しい水と古い水槽の水を同じ温度にする

メダカにとって、水質が悪化してしまうことは命取りになります。定期的に水槽の水を換えるのは、メダカを飼うときにもっとも大事なことの一つといえます。

そして水換えを行うときにいちばん重要なのは、新しい水と古い水槽の水を同じ温度にすることです。そうしなければ、急激な温度変化によってメダカが心臓麻痺を起こしたり、水質変化のストレスによって病気にかかりやすくなります。ストレスによって免疫力がさがり、普段かからないような病気になりやすくなるのです。

Q 水が汚れる原因は?

メダカのフンやエサの食べ残し、腐った水草などが原因となり、水槽の水が汚れていきます。ほおっておくと汚れは進むいっぽうですから、早めに水換えを行う必要があります。

Q 水換えをしないとどうなるの?

水が汚れるとメダカは元気がなくなり、病気にかかりやすくなるうえに、最悪の場合は死んでしまいます。こうした状況にならないよう、定期的な水換えが必要です。

季節ごとの水換えの頻度

春

水換えは2週間に一度が理想で、水槽や水が汚れたな…と思ったら水換えを行います。汚れ具合を見ながらタイミングを判断しましょう。

夏

水温が高くなる夏場はメダカの動きも活発になります。エサをよく食べてフンも多くなりますから、水換えは毎週行うようにしましょう。

秋

春と同じで、水換えは2週間に一度が理想です。水槽や水の汚れ具合を見ながら換えるタイミングを判断しましょう。

冬

メダカは冬になると冬眠するため水換えをする必要はありません。

▶水換え用ポンプのつくり方

水槽から安全に水を抜きたいときにはポンプがあると便利です。新品の灯油用ポンプの口にガーゼを当て、輪ゴムでくくれば完成です。

ココが大切！

水槽の水は、メダカのフンやエサの食べ残しなどが原因となって汚れていきます。水の汚れはメダカの病気を引き起こし、最悪の場合は死んでしまうこともあります。季節ごとに必要な頻度に合わせてきちんと水換えを行いましょう。

復習

⑬ 水換えの手順

Q 水換えの大切さはわかりましたが、どのように換えればいいのですか？　正しい手順を教えてください。

A 3分の1の水を換えましょう

　前のページで、水換えの際に大事なことは「新しい水と古い水槽の水を同じ温度にすること」と説明しました。また、水槽内の3分の1の水を換えること、実際の水換えの作業の前に新しい水をつくることも大切な要素です。

　水換えによって新しい水に換わるとメダカも喜びますが、方法を間違えるとメダカにとって大きな負担になってしまうこともあります。そんなふうにならないよう、このページで正しい水換えの手順を説明します。

 ## 水換えは「毒素を薄める作業」

　メダカを飼育していると、水が汚れてしまうのは仕方のないことです。水が汚れる原因はメダカのフンや食べ残したエサ、腐った水草などが原因ですが、これらが知らない間に毒素となって水槽の中にたまっていきます。ですから水換えは、水槽の中の毒素を薄める作業といえるのです。

① まずは新しい水をつくります

▲水道水を一昼夜置いたものか、中和剤でカルキを抜いた水を用意します。

② 水槽の水を抜きます

▲水換え用のポンプを使って、水槽の3分の1ほどの水を抜きます。

③ 水槽の掃除をします

▲目の細かいアミなどを使って水槽のゴミを取り除きます。

④ 水槽に新しい水を入れます

▲水槽の水と同じ温度にした①の水を入れます。水面をビニールで覆ってゆっくりそそぎましょう。

ポイント 💡 ココが大切！

水換えはメダカ飼育の中でとても大事なものですが、正しい手順で行わなければメダカにとって良くありません。まず、水換え前の水槽と同じ温度の水を用意します。3分の1を換える理由は急激な環境変化を避けるためです。水は毒素量だけではなく酸素量も違います。毒素がなくなったとしてもすべての水が換わってしまうと、メダカには強いストレスとなるのです。

復習

14 水槽の大掃除

Q 水槽の中のメダカが何匹も死んでしまいました。これって水質がいけなかったのですか？

A 水中の毒素が多くなっている可能性があります

おそらく水槽の中に有害な生物や、病気の原因になるものが生じてしまったと考えられます。急いで水槽の水をすべて入れ換えて、大掃除をしなくてはなりません。この大掃除を「リセット」と呼びます。

水槽の水に異変を感じたり、メダカに病気などの異常が現れるようなら早めにリセットを行うことが大切です。病気がほかのメダカにうつるのを防ぐためにも、リセットした水槽には病気のメダカは戻さず別の容器にうつして隔離します。

大掃除(リセット)が必要なのはこんなとき

1 病気が発生したとき

メダカの病気はほかのメダカにうつることが多いため、綿カブリ病などの病気が発生したら水槽のリセットを行ってください。

2 メダカが突然大量に死んでしまったとき

水中の毒素が致死量に達した可能性があります。毒素は目に見えないので大量死した場合は通常の水換えでは毒素が薄まらない可能性があります。

水槽のリセットの手順

① 水を用意して、メダカを移動

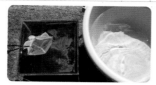

▲カルキを抜いた水を用意し、水合わせのあとでメダカを容器に移動します。

② 水槽の水を捨ててソイルのみに

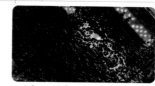

▲汚れた水は捨て、水をよく切り、ソイルはそのまま。

③ 砂利や水草を洗います

▲ソイルでなく砂利のときは、カルキを抜いた水でよく洗います。

④ 器具を洗います

▲カルキを抜いた水で器具を洗います。洗剤や石鹸を使ってはダメ。

⑤ 水槽をセットします

▲ソイルをならし、カルキを抜いた水を注ぎます。

⑥ メダカを戻します

▲水槽にメダカを戻します。病気のメダカは別の容器で治療をします。

ココが大切！

もしもメダカが病気になっていると感じたら、ほかのメダカにうつらないよう水槽のリセットが必要です。またメダカが突然数多く死んでしまった場合はアンモニアなどの毒素が充満している恐れがあります。早期に水換えを行いましょう。大変な作業ですがメダカを守るためには必要なのです。

復習

57

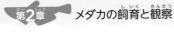
メダカ水槽ギャラリー

自分なりのアレンジで水槽をつくるのも、メダカ飼育の楽しみの一つです。
メダカが快適に暮らせる水槽をいくつか紹介しましょう。

⑮ 自分でミジンコを培養してみよう

Q メダカのエサの中でも、活餌は栄養があってメダカが元気に育つと教えてもらいました。でも、なかなか手に入りません。なにか良い方法はありませんか？

A ミジンコを自分で育てる方法があります

　活餌は栄養価の高いエサとして、メダカの成長にとってとても良いエサです。中でもミジンコは最適な活餌としてぜひメダカ飼育につかってほしいと思っています。

　でもどこでも売っているものではないし、ペットショップにあったとしてもやや高価なのが難点です。そこで、良い方法を教えましょう。自分でミジンコを培養（育てる）する方法があります。「青木式ミジンコ連続培養法」によって、誰でも簡単にミジンコを育てることができます。きっと、メダカ飼育の違ったおもしろさに出合えますよ。

昔は田んぼにミジンコがたくさんいた

　昔は田んぼにミジンコがたくさんいました。それなら田んぼの水を再現すればミジンコ培養が可能になるかもしれないと考えたことが「青木式ミジンコ連続培養法」の生まれたきっかけでした。

▶ミジンコの培養に必要なこと

① グリーンウォーターをつくる

カルキを抜いた水を水槽に入れ、そこに「生クロレラ」を入れてグリーンウォーターをつくります。水温は25度に設定します。

② バクテリア源命液と命水液を入れます

グリーンウォーターの中にミジンコを入れます。その後、数日間バクテリア源命液と命水液（ 108〜111ページ参照）を少しずつ加えていきます。

③ 光合成で増えた生クロレラをエサにミジンコが増殖します

LEDライトを使って、植物性プランクトンであるクロレラが光合成を行えるようにします。

するとミジンコはクロレラを食べて増えていきます。ミジンコが捕食するたびに水は透明になっていきます。水が透明になってきたら、再び生クロレラを入れエサを補充します。ミジンコは一気に増えていくので増えたミジンコは間引き、増えたミジンコは新たな水槽でまた増やしていきます。

ポイント

ココが大切！

ミジンコ連続培養のポイント

◇ミジンコは水流が苦手 　　◇増殖には酸素が必要
◇エサはグリーンウォーター（植物性プランクトン）、生クロレラ
◇きれいでミネラル豊富な水を使用
◇水温は約25度が理想

復習

⑯ ミジンコ連続培養の手順

　ミジンコは栄養があって、活餌の中でもメダカが喜ぶエサです。メダカの大好きな活餌を自分で培養できれば、メダカ飼育の楽しさがいっそう広がります。
　最初に用意するミジンコは、水を軽く切って数グラムほど。100個体もいれば十分です。メダカを育てるのと同じように、エサのミジンコも自分の手で育ててみるとおもしろいですよ。

① パイプの中にエアストーンを落とし込みます

　エアストーンは、エアレーションを入れると水流が強すぎることがあるため、水槽の中の水がゆっくり回るよう調整するためのものです。
　ミジンコは水流に非常に弱いですが酸素を必要とするので、水槽の中で起こる緩やかな水の回転がとても重要になります。

② ミジンコを入れ、エサとして源命液と命水液を入れる

　生クロレラでグリーンウォーターをつくり、ミジンコを入れます。エサとして源命液と命水液（ ➡ 108 ～ 111 ページ参照）を 1 ： 1 の割合で入れます。

③ ミジンコが増殖を始める

　３日目ぐらいから、水槽の中のミジンコが増殖を始めます。増殖しているのが確認できたら、酸欠が起こらないようにミジンコを間引き（取り除き）ましょう。

④ 間引いたミジンコを水にさらして洗う

　カルキを抜いた水を用意し、その中にアミで採取したミジンコをさらします。ゾウリムシはミジンコの体に付いて増殖のじゃまをしますが、ゾウリムシは小さいのでアミから落ちていきます。

⑤ ミジンコを次の培養水槽に入れる

　水にさらし、洗ったあとのミジンコは新しい水槽に入れます。それがミジンコの培養水槽になります。この行程を繰り返しながら、ミジンコを増殖させていきます。

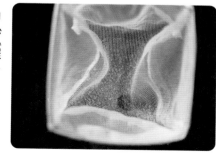

➡ 次ページの図解も参考にしよう!

17 ミジンコ連続培養の手順(図解)

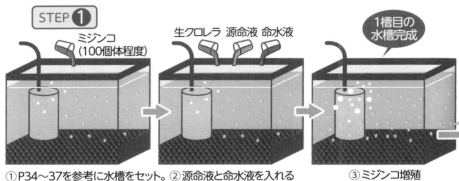

STEP 1

ミジンコ
(100個体程度)

生クロレラ 源命液 命水液

1槽目の
水槽完成

①P34〜37を参考に水槽をセット。
エアーは弱くする

②源命液と命水液を入れる
(エサは生クロレラ)

③ミジンコ増殖

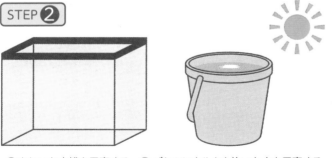

STEP 2

④きれいな水槽を用意する

⑤バケツにカルキを抜いた水を用意する

洗ったミジンコを入れる

STEP 4

⑧カルキを抜いて、ステップ①と同じ状態の水槽を用意してミジンコを入れる

前のページでミジンコ連続培養の方法を説明しましたが、詳しい手順を下の図解にしたので参考にしてください。活餌であるミジンコの培養は、メダカ飼育のやや上級編にもなりますが、誰でも可能な方法として考案したものなので、ぜひ挑戦してみてください！

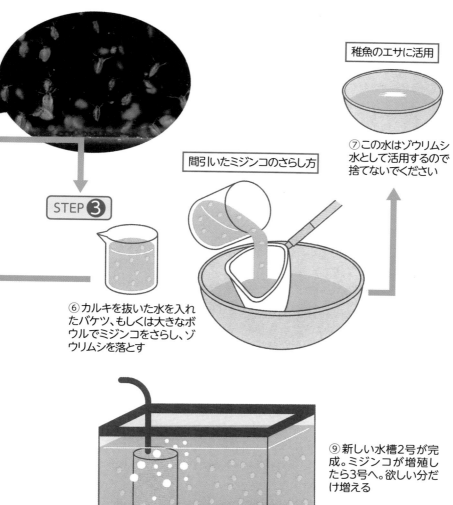

稚魚のエサに活用

⑦この水はゾウリムシ水として活用するので捨てないでください

間引いたミジンコのさらし方

STEP ❸

⑥カルキを抜いた水を入れたバケツ、もしくは大きなボウルでミジンコをさらし、ゾウリムシを落とす

⑨新しい水槽2号が完成。ミジンコが増殖したら3号へ。欲しい分だけ増える

2槽目の水槽完成

18 「めだか盆栽」をつくろう

Q メダカを飼う水槽の中を自分なりに工夫したいのですが、なにか良い方法はありますか？見て楽しめるものなどあればいいなぁ…

A アクアリウムのように楽しめる「めだか盆栽」

めだかやドットコムが創った新しいアクアリウムの形である「めだか盆栽」はどうでしょうか？ 盆栽とは、小さなお盆に好みの樹を植えて自然を表現する芸術ですね。それを、メダカが暮らす水槽の中につくりだしたのが「めだか盆栽」です。

ガラスの水槽内に水草や流木、石などを美しく配置して芸術的に仕上げます。メダカにとって、隠れやすい茂みができるなどの喜ぶ環境ができあがります。自分ならではの「めだか盆栽」をつくってみましょう。

 ## 水の中でつくりあげる芸術

ガラスの水槽の中に水草を植え、流木や石をバランスよく配置して芸術性を高めるのが「めだか盆栽」です。

メダカが泳ぎやすい空間をたもちながら、隠れやすい場所をつくるのがコツの一つ。メダカが好む自然環境を再現することが大切です。

CHECK! めだか盆栽の定義とは?

1 メダカが隠れる茂みと、自由に泳ぎ回れる空間があること

2 水草を育てる際に化学肥料は使わないこと

3 水を張って即日にメダカの飼育が可能であること

　「めだか盆栽」は、メダカが元気に暮らしていける環境をつくることでもあります。水を張れば、即日でメダカの飼育水槽となります。

ポイント ココが大切!

　メダカが健康的に暮らすために、また水槽が見た目でも楽しめるようにしたのが「めだか盆栽」です。メダカの飼育をいっそう本格的にしたいと思ったら、「めだか盆栽」にチャレンジしてみるといいですよ。

復習

19 「めだか盆栽」のつくり方

　ここでは実際に「めだか盆栽」をつくっていきましょう。水槽の土（ソイル）に水草を植えこんで根づかせていくことが必要になりますから、土づくりは大切な要素の一つです。水槽の中で畑をたがやすイメージで、盆栽づくりを始めていきましょう。

めだか盆栽をつくる上で必要なもの

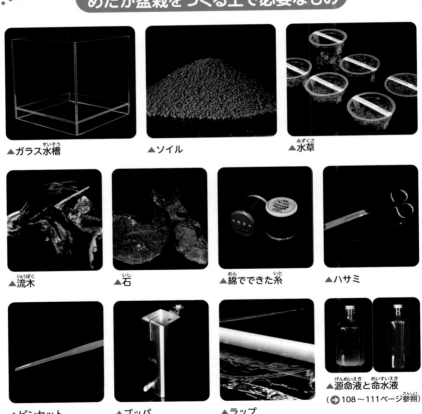

▲ガラス水槽　　▲ソイル　　▲水草

▲流木　　▲石　　▲綿でできた糸　　▲ハサミ

▲ピンセット　　▲ブッパ　　▲ラップ

▲源命液と命水液
（➡108〜111ページ参照）

つくり方

① 土づくり（下層）

ソイルは2層にします。下には粒の大きなソイルを2cmほどしき、バクテリア命水液をしみこませます。

② 土づくり（上層）

上にはパウダーソイルという細かな粒のものをしき、源命液を薄めた液をしみこませます。

③ バクテリアを定着させます

この状態で水槽の上部にラップを張って、水分が飛ばないように密閉します。このまま1週間ほど放置してバクテリアを定着させます。

④ 水草を植えます

ソイル一粒に無数のバクテリアがすみつき、土が安定していきます。水草を植えたあと、ソイルに深く根づいていきます。

⑤ 水を張ってメダカを入れます

水草が根づいて水を注いだら、メダカを入れます。水を張ったその日にメダカを泳がせても大丈夫。バクテリア環境が整った透明度のある水槽になります。

⑥ エアレーションをかけます

メダカ飼育を開始したら、しばらくの間はエアレーションをかけましょう。水がきれいなまま安定したら取り除いてOKです。

ポイント ココが大切！

LEDライトによって水草が光合成を始めたら、酸素を自然と供給してくれますからエアレーションも不要になります。美しく伸びた水草と、石や流木がマッチした「めだか盆栽」を泳ぐメダカの姿とともに楽しむことができます。

復習

20 ほかの生きものと飼ってみよう

Q めだか盆栽でほかの生きものと一緒に飼ってみたいけど、大丈夫ですか？ 同じ水槽で飼える生きものはありますか？

A メダカ以外の生き物でもアクアリウムをつくれます

めだか盆栽のような環境の水槽なら、メダカ以外の淡水魚も飼育することが可能です。例えば小さなめだか盆栽ではメダカも数匹しか飼育できません。しかしミナミヌマエビなどさらに小さな水生生物なら数多く入れても問題ありません。

水量と生きもののバランスは、酸素量が重要となり水1ℓではメダカは1匹しか飼育できませんが、ミナミヌマエビなら10匹入れても問題ありません。めだか盆栽にはバクテリアが棲みついているので水が安定しやすく、生きものにとっては安全な環境といえます。あとで説明するバクテリア水槽でも同じように飼育できます。

ミナミヌマエビ

ミナミヌマエビは野生のものでもいいですし同系統のルリーシュリンプなどはさまざまな色合いが販売されているため見た目にも楽しいです。

レッドビーシュリンプ

水質に敏感で飼育が難しいとされるレッドビーシュリンプでもめだか盆栽の中では飼育可能です。

めだか盆栽では、水を張らない状態で カエルなどを飼育することも可能です

カエル

　めだか盆栽では、水を張らない状態でカエルを飼育することも可能です。めだか盆栽とカエルは相性が良いと感じます。めだか盆栽の中に小さな森ができあがるような喜びがあります。フンなどはバクテリアによって分解されますので、地熱も発生してカエルも心地良いようです。飼育する生きものに合わせてめだか盆栽の仕立てを考えてみてください。

ココが大切!

　私はメダカの専門家です。ほかの生きものを飼育する場合は、その生きものの専門書を読むようにしています。飼育する前に正確な知識を得ることが大事です。生きものを飼育するということは命を扱うということ。楽しむために学びましょう。

復習

水草ギャラリー

メダカの隠れ家にもなる水草には、たくさんの種類があります。
それぞれにいろいろな特徴があり、見ているだけでも楽しいですよ。

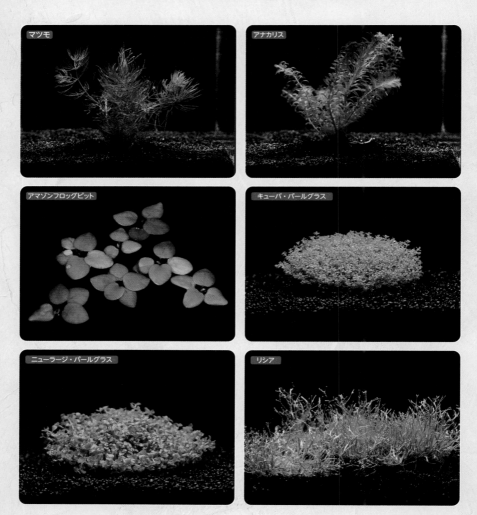

マツモ

アナカリス

アマゾンフロッグビット

キューバ・パールグラス

ニューラージ・パールグラス

リシア

グロッソスティグマ

エキノドルス・テネルス

ヒドロコティレ・ミニ

ショート・ヘアーグラス

ウォーターローン

ピグミー・マッシュルーム

クリプトコリネ・アクセルロディ

クリプトコリネ・ウェンティグリーン

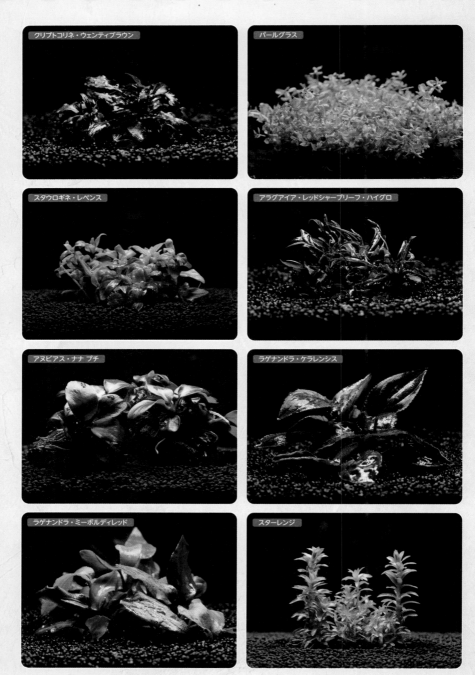

クリプトコリネ・ウェンティブラウン

パールグラス

スタウロギネ・レペンス

アラグアイア・レッドシャープリーフ・ハイグロ

アヌビアス・ナナ プチ

ラゲナンドラ・ケラレンシス

ラゲナンドラ・ミーボルディレッド

スターレンジ

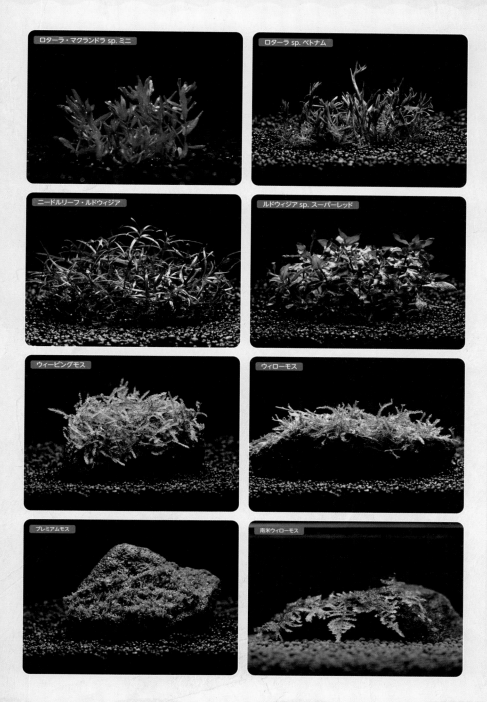

ロターラ・マクランドラ sp. ミニ

ロターラ sp. ベトナム

ニードルリーフ・ルドウィジア

ルドウィジア sp. スーパーレッド

ウィーピングモス

ウィローモス

プレミアムモス

南米ウィローモス

㉑ 健康なメダカの選び方

Q メダカを選ぶときに気をつけたほうが良いことを教えてください。健康で元気なメダカはどこを見ればわかりますか？

A メダカの種類や状態で見分けます

　メダカにはいくつかの種類があり、それぞれ飼いやすいメダカやそうでないものがありますから前もって知っておきましょう。また、メダカを飼い始めるときは元気なメダカを選びたいですよね。そのときの見分け方もありますから購入する際のポイントにしてください。

　ペットショップで購入するときは、管理がしっかりしているお店を選ぶことが大事。水槽が白くにごっていたり、死んだ魚が入っていたりするお店は避けたほうが無難です。

▶メダカの種類

ヒメダカ

白メダカ

黒メダカ

元気なメダカを見分けるには?

◎元気なメダカ

▶体にハリがあって丸々としている
▶体にキズがない
▶泳ぐときにヒレを大きく開いている
▶水槽の中層あたりを活発に泳いでいる

◎避けたほうがよいメダカ

▶体にハリがなく、細い
▶体にキズがあったり、ヒレの形が悪い
▶横から見たときに背骨が曲がっている
▶水面に浮いたまま、または水底に沈んでいる

ポイント ココが大切!

メダカを飼い始めるとき、どんなメダカを選ぶかはとても大切です。元気で健康かどうかを見分けるポイントはいくつかあるのでしっかり覚えてください。ペットショップ選びも大事なポイントですから前もってチェックしておきましょう。

復習

22 メダカを選ぶときのポイント

Q 元気で健康なメダカの選び方はわかりましたが、ほかにメダカを飼い始めるときに知っておくべきことはありますか？

A メダカを手に入れる時期も考えましょう

メダカを飼い始める時期は、メダカが活動する春先から秋までの間がおすすめです。冬場は水温が低下してメダカの活動もにぶくなり、水温の管理もほかの季節に比べて難しくなるためです。また自然界のメダカは冬になると冬眠していますので、つかまえるのが難しい時期でもあります。

最近はインターネットでも販売されていますが、おすすめできないお店もあります。初心者の方はメダカの実物を見て購入するかどうかを判断しましょう。

メダカはどこで手に入れる？

◇お店で買う▶ペットショップなどで健康なメダカを手に入れるには、管理のしっかりとしたお店で自分の目で見て選びましょう。

◇川や田んぼでつかまえる▶元気で健康なメダカかどうかを確認してから持ち帰りましょう。

◇人からもらう▶自分で健康なメダカを選べませんので、もしも元気がなかったり、病気のメダカだったときには、ほかの容器に隔離して治療してから水槽に入れましょう。

最初は丈夫で飼いやすい品種から

メダカの中でも普通種といわれるメダカは野生品種と同じ体形をしていて飼育は容易です。基本的にメダカの体色は強さと関係ありません。

ヒカリメダカ・ダルマメダカ・アルビノメダカなど普通種と違う特徴を持っているメダカは飼育難易度が上がるとお考え下さい。

▲黒メダカ

●丈夫で飼育しやすい品種 ▶ 普通種(白メダカ、黒メダカ、ヒメダカなど)
●難しい品種 ▶ ヒカリ・ダルマ・アルビノ・その他変異種

CHECK! メダカを家に連れて帰るとき

ペットショップなどでメダカを購入したら、ほとんどのお店では水と酸素の入ったビニール袋に入れてくれます。

袋の中はメダカにとって心地良い環境ですから慌てて帰らなくても大丈夫です。

ココが大切！

普通体形のメダカ以外は、人気もあり価格も高いです。しかし、ヒレや体形に変化があると泳ぎが上手でなかったり目が悪かったりさまざまなデメリットもあります。まずは普通種で飼育になれていくことが大事です。

復習

㉓ メダカの病気

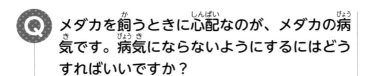

Q メダカを飼うときに心配なのが、メダカの病気です。病気にならないようにするにはどうすればいいですか？

A 病気は治療よりも「予防すること」！

　体の小さなメダカにとって、病気にかかるのは大変なことです。ふだんと変わった様子が見られたときには、病気にかかっている可能性があります。目に見える症状がでたときは、すでに手遅れ…ということもありますから注意しなければなりません。

　メダカが病気にかかるのはさまざまな理由が考えられますが、多いのは水槽の水質が悪いことです。病気になってから治療するのではなく、かからないように予防することが大切です。

CHECK! メダカが病気にかかりやすい環境

- ■ 長期間、水換えやリセットをしていない
- ■ 水をつくらないで水槽にメダカを入れてしまった
- ■ 水合わせをせずに水槽にメダカを入れてしまった
- ■ 病気のメダカが同じ水槽の中にいる
- ■ 水槽の底にフンなどのゴミがたまっている環境

メダカにこんな行動が見られたら要注意!

◆イライラした様子で泳ぎ回っている

メダカが突然ぐるぐると回りながら泳ぎだすことがあります。何度も繰り返すようなら要注意です。ただし、病気でない場合もあります。

◆尾ビレが下に下がってくる

見た目にわかるほどに尾ビレが垂れ下がってくると危険サイン。老化が原因のこともあります。

◆体を水底にこすりつける

急な水温の変化にストレスを受けていることが考えられます。強いストレスはメダカの病気の原因になります。

ココが大切!

たとえ治療ができたとしても弱々しくなってしまうこともあるので、日々観察して事前に変化に気づけるようにしましょう。病気になってしまった場合の対処法は次ページから解説します。

復習

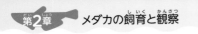

24 メダカの病気の種類

　メダカにもたくさんの病気があります。ここでは病気の種類とその症状を解説します。メダカ飼育においてもっとも大切なのが病気の予防であるとお伝えしました。病気の予防で効果のあるものは塩です。メダカは塩分の耐性に優れていますので、水槽の立ち上げの際に一つまみの塩を入れてください。これだけでも違いがでます。

病名と症状	原因	対処法
尾ぐされ病 尾ビレが細くなり、溶けたようになる	ヒレの傷口からカラムナス菌が入りこんで生じます。水質の悪い環境でかかりやすくなります。	感染するので隔離して、塩水浴（1％濃度）で治療します。
水カビ病（綿かぶり病） メダカの口やエラに白い綿のようなものがつく	傷に糸状菌がついてかかります。栄養状態の良い健康なメダカはあまり感染しません。	隔離しての塩水浴（1％濃度）か、薬で治療します。
松かさ病（エロモナス病） ウロコが逆だったようになり、体に出血斑も	ストレスによる免疫低下が原因で、エロモナス菌に感染して生じます。	隔離しての塩水浴（1％濃度）か、薬で治療します。

病名と症状	原因	対処法
白点病 目や体、ヒレに小さな白い斑点ができる	18度以下の低い水温や、急に水温が下がったときに白点虫という寄生虫が寄生して生じます。	30度くらいに水温を上げ、塩水浴（1％濃度）か薬で治療します。
過抱卵病 メスに起こる病気でおなかが異常にふくらむ	水槽の中にオスがいないか、相性の良いオスがいないときに起こります。	薬や塩水浴では効果がありません。オスを入れて産卵をうながす以外に対処法がありません。
外傷 体やエラに傷をおう	なにかにぶつかったり、メダカ同士のケンカで傷をおうことで生じます。	重症でなければ、多くの場合は自然に治ります。重い傷なら隔離して薬で治療します。

ポイント ココが大切！

元気のないメダカは体の周りが白っぽくなります。ヒレの透明度もなくなっていきます。これは病気のサインですから水質の改善を行いましょう。病気にかかってしまったら焦らずに病気のメダカをほかの水槽に移して治療をはじめましょう。残ったメダカにもうつってしまう可能性があるため水槽のリセットを行います。

復習

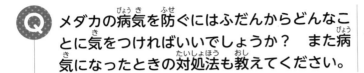

25 病気の予防と対策

Q メダカの病気を防ぐにはふだんからどんなことに気をつければいいでしょうか？ また病気になったときの対処法も教えてください。

A メダカが暮らす環境をきれいなままに

何度もいいますが、メダカの病気の予防には、メダカが暮らす環境をきれいなまま維持することがとても大切です。つまり、水質を良い状態のまま保つことです。ほかにも、メダカにストレスを与えないことも大事な一つです。

そして、もしも病気になってしまったら、ほかのメダカにうつらないように別の容器に隔離すること。そして薬浴や塩水浴で治療します。

病気を防ぐための注意点

水質を悪化させない

メダカにとって水質は命と同じといってもいいほど重要です。汚れた水の中では体の抵抗力が落ちてしまいます。

メダカを傷つけない

メダカを直接手でさわるのは絶対にダメ。魚にとって人間の手はとても熱いので傷がつく原因になります。

エサを与えすぎない

エサを与えすぎるとメダカは肥満になり、病気にもかかりやすくなります。また、食べ残しは水質も悪くします。

病気になったら…薬浴か塩水浴で治療

病気になったメダカは隔離して、塩を入れた水による塩水浴か、薬を入れた薬浴で治療します。塩水浴の手順を下に紹介しましたが、薬浴を行うときは、パッケージに書いてある説明をよく読み、それにそった方法で治療しましょう。

塩水浴の手順

1 大きめの容器を用意

治療するメダカの数に合わせた水の量が入る容器を用意します。1匹1ℓが目安です。

2 作っておいた水を入れる

水道水を1日くみ置きした水か、中和剤で中和した水を使います。

3 適切な量の塩を入れる

1ℓの水に対して5g程度の塩を溶かして入れます。

4 メダカを入れる

メダカを傷つけないよう、静かに入れます。治療の間はエサは少なめにします。

5 少しずつ塩分の濃度をうすめる

メダカが元気を取り戻してきたら、少しずつ水換えをして、塩分濃度をうすめていきます。

ポイント ココが大切！

メダカが病気になってしまったら、早期に別の容器に隔離したあと、塩水浴や薬浴で治療をしていきます。薬浴に使う薬には、「クリーンＦ」「メチレンブルー」「マラカイトグリーン」などがあり、ペットショップなどで売られています。

復習

26 繁殖の準備

Q メダカを飼っていたら、ある日水草に卵があるのを見つけました。メダカの赤ちゃんが生まれる？とドキドキしたのですが、繁殖について教えてください。

A メダカの繁殖は簡単。だけど…

　メダカの繁殖は、水質と水温の管理をしっかりとしていれば簡単です。どんどん卵を産み、ふ化していきます。

　ただし簡単だからといって、やみくもに繁殖させていいというわけではありません。水槽の大きさは、生まれるメダカがじゅうぶんに育つ大きさがありますか？　狭くてきゅうくつな環境だとせっかく生まれたメダカの成長をさまたげてしまいます。繁殖を始める前に、メダカが増えたときのことまで考えておきましょう。

CHECK! 繁殖前に確認すること

▶繁殖させたあとの飼育容器を用意します。メダカ1匹に対して1ℓが基本です。

▶繁殖でメダカが増えると手間も増えます。きちんとお世話できますか？

▶メダカが増えるとエサ代や電気代もかかります。その対応はできますか？

産卵について

●産卵の時期＝5〜9月

●水温＝18〜28度

●産卵する年齢＝ふ化後3カ月〜2年

●産卵数＝1回につき5〜20個

▶産卵（繁殖）のための用意

メダカをふ化させるには、ふ化用の水槽が必要です。メスが産卵したら卵をその水槽にうつし、親の半分ほどの大きさになるまでそこで育てます。そうしないと卵や稚魚をエサと間違えて食べてしまうのです。

● ふ化用の水槽…カルキ抜きした水を入れます。

● 水草…生まれたばかりの稚魚が身をかくすために必要です。

● 照明（蛍光灯）…昼間は窓辺などで日光に当てておき、夜は蛍光灯の光を当てて日照時間 13 時間をキープします。

産卵スケジュール

メダカは水温18度以上で繁殖行動を開始し、水温25度以上・日照時間 13 時間以上の環境で産卵を始めます。

3月	4月	5月	6月	7月	8月
活動し始める	4月後半～5月連休明けくらいに、産卵を始める				
	交配させる親を選び、産卵用水槽に入れる				
	卵が付着した水草を別の容器に移す				
日中は水槽を日が当たるところに置き、夜は蛍光灯を使用して日照時間を13時間に保つ					

9月	10月	11月	12月	1月	2月
	産卵が終わる		冬眠し始める		

ココが大切！

メダカの繁殖はとても簡単です。水質と水温を管理しておけば、メスが自然と卵を産んでいきます。メダカが増えても問題ない環境を用意して、かわいらしいメダカの赤ちゃんを育てていきましょう。

復習

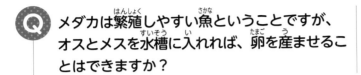

27 交配と産卵

Q メダカは繁殖しやすい魚ということですが、オスとメスを水槽に入れれば、卵を産ませることはできますか？

A 卵を産んで、育てることができます

　メダカのオスとメスを水槽に入れていると、交配行動を行って、じきに卵を産みます。

　まずは親にしたいメダカのオスとメスを産卵用の水槽に入れます。親メダカは病気がなく、体のツヤの良い元気なメダカを選びます。オスとメスの比率は１：２が理想的です。

　数日たっても交配するそぶりが見られないときは、オスとメスの相性が良くないのかもしれません。オスとメスの組み合わせを変えて、様子を見てみましょう。

オスの求愛行動

▲オスはメスを追い回すようにクルクルと回りヒレを広げてアピールし、腹ビレは興奮で黒くなります。最後には横に並びます。

メダカの交尾

▲オスとメスが寄りそい、オスは尻ビレでメスを抱き寄せます。メスが産卵し、オスが放精して卵が受精します。

▶卵は水草に付着させられる

メスが産んだ卵は、しばらくはおなかにくっついたままになっています。そのあと、卵は水草に付着させられるか、水槽の底に落ちていきます。水草に付着した卵や落ちた卵をふ化用の水槽に移し、メダカの繁殖へつなげていきます。

卵が付着した水草はすぐには移動せず、1週間くらい様子を見ましょう。その後、カルキ抜きをしたふ化用水槽に移し、水温を25度くらいに保ちます。10日くらいするとふ化が始まっていきます。

▶シュロの産卵床をつくるとよい 水草よりも産卵に適しています

❶ ホームセンターなどで購入したシュロを5～6分ほど煮て殺菌します。

❷ 湯を切って、2～3日ほど天日で乾かします。

❸ 乾いたら、10～15㎜四方の正方形に切って、ラッパの形に丸めて針金などで止め、水槽に入れます。

■ポイント ココが大切！

オスとメスを交配させる際、同じ種類のメダカを増やしたいときは、オスもメスも同じ種類のものを選びましょう。違う種類のメダカだと、生まれる子メダカは雑種となってしまいます。産卵用のメダカはオス1匹に対してメス2匹が理想です。

復習

28 卵のふ化

Q メダカが卵を産みました。無事に赤ちゃんが生まれるのを楽しみにしています。ふ化するまでどんなことに気をつければいいですか？

A 水質と水温、日照時間が大切です

　卵のふ化には、おおよそ10日〜2週間ほどかかります。ふ化するためには、水質と水温、日照時間がとても大切です。
　もしも成魚のメダカと同じ水槽でふ化してしまうと、生まれたばかりの稚魚が食べられてしまうおそれがありますから、卵はふ化用の容器にうつすことを忘れないようにしましょう。ふ化するための環境を整えてあげると、やがてかわいらしいメダカの赤ちゃんと会えますよ。

Q ふ化にかかる日数は？

日数＝250÷水温(℃)

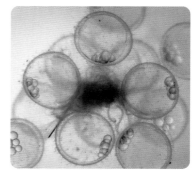

　この式によって、産卵後にふ化するまでのおおよその時間をはかることができます。たとえば水温が25度なら、250÷25＝10となり、産卵から10日後にふ化するということです。

▶ふ化するためのベストな条件

水質　塩素（カルキ）を抜いた、きれいな水であること。

水温　25度に保ちましょう。ただし、ダルマメダカは28度がベストです。

日照時間　1日13時間以上が必要です。室内ならライトをつけて日照時間を確保します。

卵の変化～受精からふ化まで

1 受精半日後
卵の中で細胞分裂が進んでいきます

2 受精3日後
卵の中で頭と目になる部分が見えてきます

3 受精5日後
目が黒くはっきりとしてきて、体も長くなります

4 受精1週間後
体のほとんどができあがります

5 受精10日後
目のあたりが金色になりくっきりします

6 ふ化
稚魚が卵の膜を溶かし、しっぽから出てきます

ココが大切！

産卵のあとは卵をふ化用の水槽にうつし、水質や水温、日照時間に気をつけながら見守りましょう。10日もすればふ化し、かわいらしいメダカの赤ちゃんが生まれます。卵がふ化するまでの変化の様子を見ていくのも楽しいものです。

復習

29 稚魚が生まれたら

Q メダカの赤ちゃんが生まれました！ このまま元気に育ってほしいのですが、ふ化のあとはどんなことに気をつけるべきですか？

A すぐに違った環境にうつしてはダメ

メダカの赤ちゃん＝稚魚にとって、生まれたときの水がいちばん心地良いものです。ふ化したあとはしばらくそのままの環境で飼育したほうがいいでしょう。稚魚はとても敏感ですから、すぐに違うところにうつしてしまうのは禁物です。

うまくふ化が進んでいくと、容器の中でたくさんの稚魚が泳ぎまわるようになります。メダカの飼育は1匹に対して水1ℓと説明しましたが、稚魚の場合は少しばかり水が少なくても問題ありません。

▶生まれたあとはしばらくそのままに

メダカは丈夫な魚ですが、体は小さく環境の変化にはそれほど強くはありません。

とくに生まれたばかりの稚魚はまだまだ体もできておらず、急に別の水槽や容器に移すとショックを起こすこともあります。2週間ほどは水換えもしないでおきましょう。

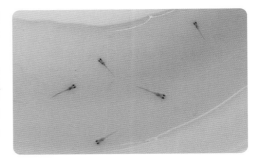

第1章
メダカを知ろう

第2章
メダカの飼育と観察

第3章
自然環境の水槽づくり

我が家のメダカの
プロフィール

観察チェックリスト

稚魚を上手に育てるためのコツ

◎稚魚は多少混みあっていてもOK

生まれたばかりの稚魚は体も小さく、水槽のなかで少しくらいは混みあっていても大丈夫です。けれども、埋めつくされてしまうほどきゅうくつになったら別の容器に分けましょう。

◎稚魚のエサはパウダー状のものを

稚魚の口はとても小さく、成魚用のエサは食べられません。稚魚用のエサか、もしくは、成魚用のエサをパウダー状にすりつぶして与えます。

◎1～2カ月で親メダカのもとへ

ふ化して1～2カ月で稚魚の体は成魚の半分ほどの大きさになります。このくらいの大きさになると成魚に食べられてしまうことはありませんから、親メダカと同じ水槽に入れても大丈夫です。

▲青メダカの産卵

▲メダカの稚魚

ポイント

ココが大切!

メダカがふ化したら、しばらくは同じ環境のまま育てます。稚魚の口に合うように、パウダー状にすりつぶしたエサをやりながら成長を見守り、1～2カ月で成魚の半分くらいの大きさになったら、親メダカと同じ水槽に入れてもOKです。

復習

30 稚魚の成育

Q メダカの赤ちゃんはどんなふうに育っていくのですか？ また上手に飼育するためのコツや注意点を教えてください。

A 水槽の中の水の状態に気をつけましょう

　ふ化したメダカの赤ちゃんはとても小さくてかわいらしいですね。生まれたばかりであればなおさらです。ただし、とてもデリケートなところがありますから、稚魚を飼育するときはいっそう細かい点に気を配らなければなりません。
　水温や水質など、稚魚が元気に育っていくうえで必要な環境を知っておきましょう。

▶稚魚が育つための環境

◆水温

　25度に保ちましょう。ダルマメダカの場合は28度がちょうどよい水温です。冬場はヒーターで温度調節をします。

◆水換え

　成魚と同じペースで行い、やり方も同様です。稚魚は小さいので、水換えの際の扱いは慎重に。

◆水質

　稚魚にとっては生まれたときの環境がいちばん適しています。ふ化したあとはすぐに水換えをせず、2週間程度そのままに。

◆稚魚の密度

　水槽の中は多少混みあっていても大丈夫です。埋めつくされるようなら別の容器にうつします。

稚魚の成長

◆ ふ化2日後

まだ体がかなり小さく、肉眼ではほとんど見えません。おなかにたくわえた栄養分で育つため、エサはいりません。

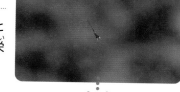

◆ ふ化3日～14日後

まだ針の先ほどの大きさです。食欲はおうせいでエサをよく食べますが、うまく食べられないと死んでしまいます。

◆ ふ化15日～1カ月後

だいぶ魚らしくなっていきます。エサは稚魚用のままでOKですが、次第に成魚のエサも食べられるようになります。

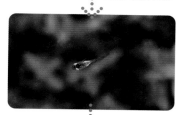

◆ ふ化1カ月半後

体もしっかりとしてメダカらしくなります。エサをたくさん食べ、成魚の半分程度の大きさまで成長します。

ココが大切！

生まれたての稚魚は肉眼では見えないほどに小さなものです。環境を整えてあげると、2週間くらいで成長も安定し、見た目もすっかり魚らしくなります。稚魚用の水槽で育てたあと、1～2カ月で親メダカと一緒に飼えるようになります。

復習

㉛ 稚魚の成長と注意点

Q メダカがふ化したあと、水槽の中が成長した稚魚でいっぱいになってきました。このまま大きくなっても大丈夫でしょうか？

A 成長に合わせて選別し、別の容器へ

　ふ化して1カ月もすれば、水槽の中はメダカの稚魚でいっぱいになることがあります。まだ小さなときはそれほど気にしなくても良いのですが、あきらかに水槽の中が混みあった状態になると、メダカの成長が止まってしまうこともあります。早めに別の容器にうつす必要がありますが、そのときに気をつけたいのがメダカの選別です。

　やみくもにメダカを選んでうつすのではなく、いくつかの注意点があるので知っておきましょう。

▶稚魚の選別は体の大きさを見る

　稚魚を別の容器にうつすための選別で大事なのは、稚魚の大きさを見ることです。稚魚の中にも成長の早いメダカと遅いメダカがいますから、サイズに応じて選別し、水槽や容器を分けてあげるとよいでしょう。

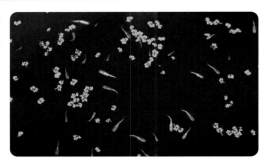

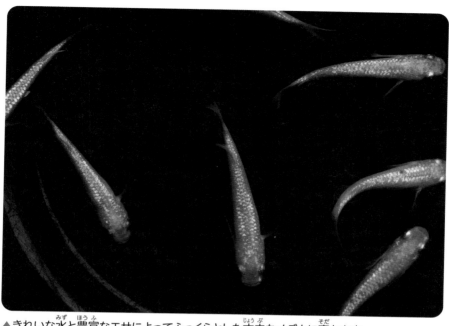

▲きれいな水と豊富なエサによってふっくらとした丈夫なメダカに育ちます。

▶特徴的な選別は成長してから

メダカの体の特徴による選別は、ある程度成長しなければ難しい面があります。とくに体の色は成長とともに現れてきますので、特徴による選別は最後にします。まずはしっかりと成長させることが大事です。

▶エサやりのポイントは?

稚魚から成魚へと成長していく中では、エサやりは少量を1日5回以上与えるとよいでしょう。メダカは胃がありませんから、食べものをおなかに貯めておけません。量は少なく、回数のほうが大切です。

ポイント ココが大切!

きれいな水と豊富なエサによってメダカはすくすくと成長し、ふっくらとした丈夫な体ができあがっていきます。早いものだとふ化して2カ月もすれば成魚になり、元気に水槽の中を泳ぎ回ります。稚魚から成長を見守るのは楽しいものですよ。

復習

めだか盆栽ギャラリー

自分好みの景色をつくりあげていく「めだか盆栽」。いろいろな色の組み合わせなど、楽しみながらつくってみましょう。

自然環境の水槽づくり
しぜんかんきょう
すいそう

① メダカと自然環境〜自然浄化のしくみ

Q 水槽の水は汚れていくのに、自然の川や湖、海の水はどうしてきれいなままなのですか? メダカの水槽も同じような環境がつくれますか?

A 水換えなしできれいに保つ方法があります

　自然界の川や湖、海にはたくさんの生きものが住んでいます。それぞれの生きもののはたらきのおかげで、水はきれいなまま保たれています。

　中でも、この浄化作用に大切な役割を果たしているのが、バクテリアです。自然界にあるバクテリアが有害な物質を分解し、水をきれいな状態のままにしてくれているのです。じつは、このバクテリアの力を使って、メダカの水槽を「水換えなし」のままきれいに保つ方法があります。これから説明していきましょう。

水質とバクテリアの大事な関係

　自然界には有益なバクテリアがたくさん存在し、もちろん水の中にもいます。

　雨が降ったり、水を汚してしまうさまざまな物質が入っても、水中にいるバクテリアがそれらを分解するから水はきれいなままなのです。

海や川の水がきれいなまま維持されているヒミツ

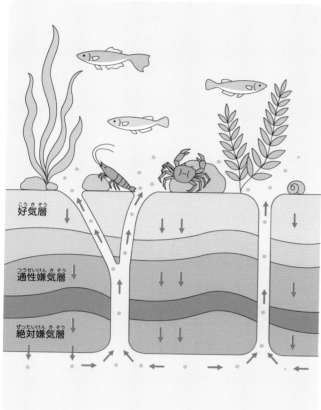

好気層

通性嫌気層

絶対嫌気層

左の図にあるように、海や川の底は大きく3つの層でできあがっています。

少し難しい言葉になりますが、「好気層」「通性嫌気層」「絶対嫌気層」の3つです。

この各層にはそれぞれ違った特徴をもったバクテリアがいて、お互いの作用によって、地下から上がってくる海水をきれいにしてくれているのです。

私はこのしくみを水槽の中につくれば、メダカはつねにきれいな水の中で生きていけると考えました。

ポイント

ココが大切！

川や海の水をきれいなまま保つために、自然界に存在するバクテリアという「生きもの」が重要なはたらきをしています。水を浄化するバクテリアのすごい力とはなんでしょうか？ 次のページでもう少しくわしく説明していきましょう。

復習

②バクテリアってなに？

Q 水をきれいにするためにバクテリアが必要なのはわかりましたが、そもそもバクテリアってどんな"生きもの"なのですか？

A バクテリアは環境を良くしてくれる微生物

　バクテリアというのは真正細菌とも呼ばれる微生物です。菌といわれると怖い感じもしますが、この菌がフンなどの毒素を植物の栄養素に変えていきます。このバクテリアというものは、私たちの目に見えないところで環境を良くするための活動をしています。

　自然界では、これらのバクテリアが魚のフンや死がいなどをほかの生きものの栄養素にしているのです。このバクテリアがないと毒素が水に広がってしまい魚は死んでしまいます。

 ## バクテリアがアンモニアを分解する

　メダカのフンやエサの食べ残し、死がいなどはアンモニアという毒素に変わります。

　アンモニアは水に溶けると水素イオンがくっついて、アンモニウムイオンというものに変わります。アンモニウムイオンは毒性がとても強いので、水槽内にたまってしまうとメダカはたちまち死んでしまいます。しかし、バクテリアがあるとこれを良いものに分解してくれるのです。

▲フンをつけたメダカ

▲自然浄化システムできれいになった水槽

自然環境を水槽の中につくる

　バクテリアは自然の中で活躍し、水の中の汚れや毒を分解してきれいな状態に保ってくれています。いっぽうでメダカを飼うときは、水質を良い状態にするために「水換え」を行う必要があると説明してきました。でも、もし自然のバクテリアが活動する状態を水槽の中につくることができれば、水換えをしなくてもバクテリアが水をきれいにしてくれるのでは？　そう考えて確立したのが、水槽の「自然浄化システム」です。

ココが大切！

　バクテリアは水槽の水をきれいにする力をもつ微生物です。この力を活用して、メダカの水槽が自然ときれいになる「自然浄化システム」を考えました。次のページから、その具体的なしくみや方法について説明していきましょう。

復習

③ バクテリア分解のしくみ

Q バクテリアが水槽の水をきれいにしていく、「バクテリア分解」のしくみについて教えてください。

A 分解には2つのバクテリアが必要

バクテリアには2つの種類があり、メダカの水槽の中でそれぞれ大切な役割を担います。一つは「好気性バクテリア」、もう一つは「嫌気性バクテリア」の2種類です。メダカの水槽で汚れを分解していくには、片方のバクテリアだけあれば良いのではなく、両方のバクテリアがバランスよくそろっていることが大切です。

この2つのバクテリアの層を水槽内につくることで、水質を汚す毒素の分解がすすみ、アンモニアや亜硝酸などの有毒物質の発生をおさえることができるのです。

Q 好気性バクテリアとは?

酸素を使いながら活躍するバクテリアのことです。アンモニアなどの毒素を分解するたびに酸素を使います。ですから、好気性バクテリアが活躍すると水槽内の酸素量が少なくなってしまいます。そのためエアレーションが必要になってきます。

Q 嫌気性バクテリアとは?

酸素を使わないで毒素を分解してくれるバクテリアです。地中奥深くに生息する菌といわれていて、自然界では好気性バクテリアと嫌気性バクテリアが互いに活躍して毒素が無害化されています。

バクテリア分解のしくみ

好気性バクテリア(硝酸菌)の分解

フンや死がい（有機物） →分解→ アンモニウムイオン →分解→ 亜硝酸イオン →分解→ 硝酸イオン

嫌気性バクテリアの分解

硝酸イオン →分解→ 窒素

嫌気性バクテリアは硝酸イオンを窒素に変えてくれます。窒素は無害で、空気中に戻っていきます。

▶水換えのいらない水槽ができる!

好気性バクテリアが有毒なアンモニウムイオンを植物の栄養素となる硝酸イオンにかえてくれます。植物がすべての硝酸イオンを吸い上げるわけではありません。余った硝酸イオンも少なからず毒性があり、溜まってくるとメダカにとっても毒となります。ここで嫌気性バクテリアが余った硝酸イオンを無害な窒素に変えてくれるのです。

ココが大切!

青木式自然浄化水槽とは、水槽内に好気性バクテリアと嫌気性バクテリアを入れて自然と同じような環境をつくる技術です。2つのバクテリアが互いに助け合ってはたらき、植物の栄養素をつくったり最終的には無害化して良い環境が保たれます。

復習

4 青木式自然浄化システムとは？

Q 青木先生が考案した、水換えのいらない飼育水槽に変える「青木式自然浄化システム」。私にもつくることができますか？

A ぜひチャレンジしてみてください

　　もちろんできますよ。自然界と同じ環境を、自分の水槽の中につくるというとてもやりがいのあるチャレンジです。通常のメダカ飼育よりも少しレベルアップした内容になりますが、できるだけわかりやすく説明しますので、ぜひ挑戦してみてください。

　　「青木式自然浄化システム」のカギは、これまで見てきたようにバクテリアのはたらきです。まずは水槽の中で何が起こっているのかを、もう少しくわしく見てみましょう。

 水槽の中でなにが起こっている？

　前のページで、「硝酸イオンがたまるから水換えが必要」と説明しましたが、2つのバクテリアのはたらきによって、硝酸イオンから酸素を取り出し、窒素へと変換させて無害な水に変えるのが「青木式自然浄化システム」です。

　3年以上も水換えをせず、きれいな状態を保つ水槽をこれまで数多くつくってきたので、ぜひみなさんも参考にしてください。

▲水換えなしでもきれいな水槽の状態を保ちます

青木式自然浄化システムに挑戦してみよう!

「好気性」と「嫌気性」の2つのバクテリアが必要になります

◎好気性バクテリアには何がある?

好気性バクテリアの代表的な一つが、「納豆菌」です。分解力が高く、飼育水のいやなにおいも軽減してくれます。納豆菌は水中の酸素でも生きていけますから、これを自然浄化システムに活用します。

◎嫌気性バクテリアには何がある?

嫌気性バクテリアの主なものが、「光合成細菌」とよばれるものです。水質浄化作用が高く、硝酸イオンの分解に大きな力を発揮します。嫌気性バクテリアは酸素を嫌いますから、水中の酸素にふれないようにします。

ココが大切!

水槽の中に、自然界と同じようにバクテリアがはたらく状態をつくりだすのが「青木式自然浄化システム」です。3年以上も水換えなしで元気にメダカが暮らす水槽もあるほどの、すぐれた飼育水槽のしくみです。

復習

5 好気性バクテリア源命液のつくり方

Q 「青木式自然浄化システム」に必要な、好気性バクテリアのつくり方を教えてください。

A オリジナルの好気性バクテリア「源命液」

　好気性バクテリアの代表的なものに「納豆菌」があると紹介しましたが、私がおすすめするオリジナルの好気性バクテリアである「源命液」のつくり方（培養の方法）を紹介しましょう。
　厳密には、好気性バクテリアだけではなく源命液はいろいろな菌がまざりあっている複合菌です。この菌のことをバクテリアといいます。主に入っている菌は納豆菌・酵母菌・乳酸菌です。これらの菌がお互いに助け合ってアンモニウムイオンを分解します。簡単にいうと、アンモニウムイオンがこれらの菌のエサになっています。エサを食べて違うものに変えていくのです。また、納豆菌は毒素だけでなく物質（フンや死がい）も分解するので水がキレイになります。

 CHECK! ▶好気性バクテリア源命液の材料と培養に必要なもの

材料	培養のために必要なもの
●プレーンヨーグルト50ｇ、酵母菌（ドライイースト）4ｇ	●水800㎖、1ℓのペットボトル容器
●納豆の粘液 1粒分、糖蜜60ｇ	●電気カーペット（ヒーターなど）

つくり方

好気性バクテリア源命液を培養するための環境とつくり方を紹介します

◆材料をすべて混ぜ合わせます

納豆3粒ぐらいを手に取ってねばねばを水800㎖に溶かします。その水にヨーグルトとドライイーストを溶かします。さらにこれらの菌のエサとなる糖分を入れます。これは砂糖なら何でもかまいませんが、ここではミネラル分の豊富な糖蜜を使います。

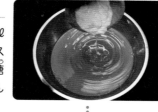

◆ペットボトルに入れて保温します

それらをペットボトルに入れて、30度から40度になるように電気カーペットなどを使って温めます。温度が上がってくるとこれらの菌が発酵をはじめます。発酵すると二酸化炭素が発生しますので、初日は数時間に一度ガス抜きを行います。翌日からは日に数回。3日から4日で発酵が終わります。

◆スポイトでオリを吸い出します

完成するとphが3.7ぐらいまで下がりますのでPH計を使って完成しているかを確認してください。発酵が終わると沈殿物が現れてきますので上澄み液だけを使います。この上澄み液が源命液となります。

ココが大切！

簡単なつくり方を説明しました。私がつくる源命液は土の菌を使いますので、さらに難しくなりますが効果はほぼ変わりませんのでご安心ください。毒素の分解力がとても高いのでしっかりと使い方を理解してから使用してください。

復習

6 嫌気性バクテリア命水液のつくり方

Q 「青木式自然浄化システム」に必要な、嫌気性バクテリアのつくり方を教えてください。

A オリジナルの嫌気性バクテリア「命水液」

　嫌気性バクテリア命水液は、光合成細菌の一種で紅色硫黄細菌ともいわれます（紅色硫黄細菌は光合成細菌として市販されています）。この命水液（光合成細菌）を種菌として増やしていく方法を教えます。

　青木式自然浄化水槽では、源命液によって分解された硝酸イオンを窒素に変え水槽内の毒を無害化させるはたらきのために使います。命水液は悪玉菌を除去して善玉菌を増やす水づくりには欠かせないものです。

▶嫌気性バクテリア命水液の材料と培養に必要なもの

材料
命水液(光合成細菌)を種菌として使います。
●海藻類の煮汁
●カルキを抜いた水

培養のために必要な備品
●20ℓのガラス水槽
●ビニール
●ヒーター（夏場は必要ありません）

つくり方

嫌気性バクテリア命水液を培養するための環境とつくり方を紹介します

◆水と光合成細菌、海藻の煮汁を入れます

20ℓ入る新品のガラス水槽を用意してください。雑菌が入らないように新品の水槽を用意してください。水槽にカルキを抜いた水を入れて、光合成細菌と海藻類の煮汁を同量500㎖ずつ入れます。

◆水槽をビニールで覆います

水面をビニールなどで覆い水面が酸素に触れないようにします。水温を35度から40度に保ち光の当たる場所に置きます。水温が低くてもでき上がりますが、水温が高いほうがより早く培養できます。

◆うまくいくと2週間ほどで水槽内が真っ赤になります

水槽内が真っ赤に色づいたらビニールを開けてみてください。硫黄臭がしていたら完成です。

ココが大切！

海藻の煮汁が光合成細菌のエサとなり、水温を30度以上に保つと培養速度が上がります。煮汁は海藻類の昆布などを使用してください。2週間ほどたつと赤く色づき始めます。そこから数日で一気に真っ赤になります。

復習

7 バクテリア液を水槽に入れる

Q 好気性バクテリア源命液と嫌気性バクテリア命水液を用意したあと、水槽にはどのように入れればよいのですか？

A カルキを抜いた水を使うことを忘れずに！

　バクテリアにとってカルキは大敵です。好気性バクテリア源命液は酸素を使いますので使用量をしっかりと守ってください。30ℓの水に対して10㎖弱程度で十分です。すでに飼育している方はエアレーションを確認して容量を守って投入してください。

　さらに嫌気性バクテリア命水液を50㎖ほど入れてください。最初の数日はこの量を守り、3日目以降は命水液だけを入れてください。バクテリアは水槽内にすみつきますので、源命液は最初の数日で大丈夫です。

CHECK! ▶**水槽の立ち上げから源命液と命水液を使う場合**

　30㎝キューブ状の水槽の場合。ソイルを2層にしましょう。下の層を目の粗いソイルを使い、そこに命水液をたっぷりしみこませます。下層を覆うように目の細かいパウダーソイルをしきつめて、そこに源命液を少量20㎖程度しみこませてください。

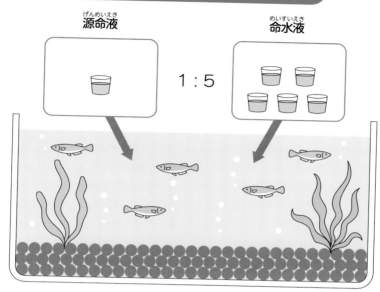

源命液と命水液を入れる割合は1:5

源命液

命水液

1：5

最初に源命液と命水液を使う場合は、源命液：命水液＝１：５の割合で最初の３日間は１日１回投入してください。４日目以降は命水液だけを毎日10㎖投入していってください。

源命液の活躍は水面の淵、ガラス面に小さな気泡が現れてきます。厳密にはたらきを知りたい場合は、アンモニウムイオン、亜硝酸イオン、硝酸イオンを計測する試薬がありますのでそちらを使って毒素の減少を確認してください。

ポイント ココが大切！

メダカがフンをしてアンモニウムイオンがつくられますが、それが亜硝酸イオン、硝酸イオンと変わり試薬で微量の亜硝酸イオンと微量の硝酸イオンが計測されるようになったら完成です。メダカ、バクテリア、水草のバランスが取れていると水換えはほぼ必要ありません。感覚をつかんでいくまでには時間がかかりますが、必ずできますのであきらめずに挑戦してください。

復習

8 「バクテリア水槽」で注意すること

Q 自然浄化システムの「バクテリア水槽」をつくったあと、どのように水づくりをしていけばいいですか？

A バクテリア源命液は入れすぎてはダメ

　自然浄化システムがうまくいってバクテリアがしっかり活躍していると、水は透明になりにおいもしません。水槽のふちに小さな泡がつくようなら、バクテリアが元気にはたらいている証拠です。

　このときに、バクテリア源命液を追加で入れる必要はなく、バクテリア命水液だけを投入していけば OK です。

　源命液は入れすぎるとメダカに負担をかけてしまいますが、命水液はそれほど問題にはなりません。メダカを安全に育てるには命水液を上手に使うことが大切です。

CHECK! ▶水が白くにごったら…

　水が白くにごる原因は、バクテリアの死がいです。源命液がしっかりと定着せず、はたらいていない証拠です。そうなってしまったら最初に使用した手順で、源命液と命水液を 1：5 で投入していきます。透明度が出てきたら源命液がはたらいているので命水液だけの投入に変えていきます。

源命液がはたらくと酸素量が低下してきます。酸素量が低下してくると命水液のはたらきが強くなってきて水はより安全なものに変わっていきます。この2つのバクテリアを上手に使いこなせるようになると自然浄化水槽を楽しめるようになります。

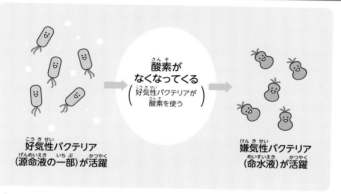

嫌気性バクテリア命水液と好気性バクテリア源命液のはたらき

酸素が なくなってくる （好気性バクテリアが 酸素を使う）

好気性バクテリア （源命液の一部）が活躍

嫌気性バクテリア （命水液）が活躍

▲自然浄化水槽はメダカにとって、とても心地良い環境といえます。

ポイント
ココが大切！

水槽の自然浄化システムのメリットは、「水換えがいらなくなること」です。水換えはメダカにとっては突然の環境の変化でストレスになるもの。水換えのいらない自然浄化システムは、メダカにとってうれしいものなのです。

復習

⑨ メダカを屋外で飼育する

Q メダカって本来、小川や田んぼなど自然の中にいる生きものだから、屋外で育ててみようと思うのですが、問題ありませんか？

A 自然のエサを食べて元気にすごせる

　もちろん大丈夫です。メダカにとって屋外飼育はとても自然なこと。日光はメダカ飼育にとって大事な要素です。空気中に舞う植物性プランクトンが水の中で増えると水が緑に変わってきます。これをグリーンウォーターといい、このプランクトンはメダカにとって良いエサにもなります。

　飼育容器は水深より水面の広いものを選びましょう。酸素は水面に触れたときに水に溶け込みますので、水表が狭く水深の深いスイレン鉢のような入れ物はメダカ飼育に不向きといえます。

CHECK! ▶**屋外飼育の注意点**

　屋外飼育でも、基本的には室内での飼育と同じエサで育てます。けれども屋外の容器の中には、エサになるプランクトンやミジンコなどが発生し、メダカはおなかをすかせるとそれらのほうを先に食べてしまいます。そのためエサのやりすぎには注意する必要があります。

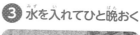
屋外飼育の容器をセットする手順

① 容器を置く

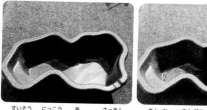

▲水槽は日光に当てて殺菌する。

② ソイルをしく

▲安価な赤玉土でもOKです。

③ 水を入れてひと晩おく

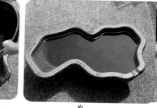

▲カルキを抜くと、ソイルにバクテリアがすみつきます。

④ 水草をうかべる

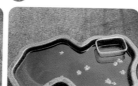

▲バクテリアがはたらくと植物も元気に育ちます。

⑤ 水合わせをする

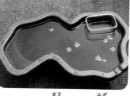

▲メダカが前にいた水との「水合わせ」を行う。

⑥ メダカを入れて完了

▲水合わせの水と一緒にメダカを入れます。

ココが大切！

室内飼育では日光の力によってメダカは健康に育ちますし、雑菌も増えづらいというメリットがあります。水が蒸発していきますのでその分は足し水が必要となります。また豪雨のときは水があふれてしまう危険性もあり注意が必要です。真夏は水温が高くなるので、よしずなどを使って日光を遮らないと危険です。

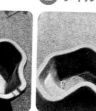

復習

⑩ 屋外飼育の注意点

屋外での飼育は、室内とは違っていろいろなことが起こります。とくに強風や大雨など天候の変化の影響を受けることが多くなりますから日ごろから注意しておく必要があります。

ポイント　屋外飼育で気をつけるポイント

強風や大雨によって水槽や容器が倒れたり、水が増えてしまってメダカが流されることもあります。そうならないよう飼育の場所はよく考えましょう。また季節による気温の変化にも注意する必要があります。

❶ 水の蒸発への対策

夏の暖かい季節になると水が蒸発しやすくなります。週に一度は水を足すようにしましょう。

❷ 落下物や増水の防止

台風や強風で物が落ちてこないよう注意するほか、雨で水が増えないよう容器にふたをしておきます。ただし密閉は禁物です。

❸ 水温上昇を防ぐ

夏の直射日光は禁物です。水温が30度以上にならないよう気をつけましょう。

❹ 凍結しても慌てずに

冬の寒い日など、水面に氷が張ることがありますが、メダカは低い水温でも生きられますから心配はいりません。

メダカの敵になるもの

さまざまな外敵

　自然界での「外敵」に要注意です。メダカを狙うのはトンボの幼虫であるヤゴが有名です。

　そのほか、猫やカラスといったメダカを狙う外敵がいます。地方ではハクビシンによる被害も聞いたことがあります。鳥対策としては網をつけたりするのが良いでしょう。台風対策や遮光も大切なので、まず水槽の設置場所からよく考えてみてください。

▶屋外でのエサのやり方

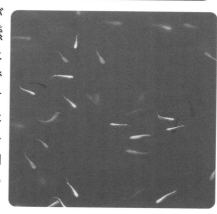

　屋外でも1日に2回程度のエサやりが必要です。水が緑化しバクテリアも自然に湧いてきますのでメダカ飼育は室内よりも容易です。メダカ飼育は楽しいので過干渉になり、エサの回数が多くなりすぎたりアミで何度もすくったりするのはNGです。それによってメダカがストレスで短命になってしまうケースをよく聞きます。静かにしてあげる時間もしっかりつくってあげてください。

ポイント ココが大切！

　メダカにとって心地良い環境は室内よりも屋外です。しかし、どちらにしろメダカにとっては不自然な環境であるといえます。本来、川に生息するメダカをペットとして飼うのですから、少しでも自然環境に近い形をつくり上げることが、飼育者の責任ではないでしょうか。

我が家のメダカのプロフィール

メダカが家族の一員となったら飼育環境を記録しましょう。
このページをコピーして思い出をつくっていきましょう。

名　前　（自分がつけた名前）

品種名　（ショップなどで示された品種）

オス・メス

オス　　　（匹）　・　メス　　　（匹）

誕　生

年　　　　月　　　　日

メダカの特徴　（なるべく具体的に）

（メダカの写真を貼りましょう）

管理方法 （☑しましょう）

①エサの種類
　□ドライフード　□活餌　□冷凍のエサ　（エサの名前：　　　　　　）

②飼育水槽と環境
　□水槽　□スイレン鉢　□その他（　　　　　　　　　）
　□屋内　□屋外

③水換えの頻度　　　日ごとに実施

④バクテリアは入れましたか？　□入れない　□入れた
　（バクテリアの種類：　　　　　　　　　　　）

●その他、気がついたこと

メダカの観察チェックリスト

	チェック内容		日付　月／日（曜日）
①	メダカの泳ぎ （良い○　普通△　悪い×）		
②	エサの食いつき （良い○　普通△　悪い×）		
③	水質の測定 （1週間に1回）	亜硝酸（0.8mg/ℓ以下に）	
		アンモニア（0.25mg/ℓ以下に）	
		硝酸塩（0.8mg/ℓ以下に）	
		pH（7が中性、6.5〜7.5に）	
④	水の透明度 （透明◎　白濁○　グリーンウォーター△）		
⑤	病気・外傷の有無（病気・外傷がなかったら○、あったら×）		
⑥	病気・外傷の具合について（メモを詳細に）		
⑦	水換えの実施（実施日に○）		
⑧	産卵具合について（メモを詳細に）		
⑨	ふ化の状況について（メモを詳細に）		
⑩	その他、日々の観察で気づいたこと。 1週間のまとめメモ。		

毎日、チェックリストでメダカの発育状態や健康状態をチェックしましょう。
（1週間分のチェックです。 コピーしましょう）

／（　）	／（　）	／（　）	／（　）	／（　）	／（　）	／（　）

123

おわりに

　最後までお付き合いくださいまして、ありがとうござしました。

　2004 年にメダカ総合情報サイト「めだかやドットコム」を発表して、今年でちょうど 20 年が経ちました。当時はメダカの専門書がなかったために、私は独学で自分の経験をもとにメダカの飼育方法をホームページで紹介していました。

　アクアリウムの大先輩もメダカ飼育者は皆無で、金魚や鯉がメインであり私が参考にした飼育方法も金魚の専門書であったことを思い出します。

　自分にとってメダカとはなんだろうと最近考えるようになり、私にとってのメダカを一言で表すとメダカは生き物ではなく「ライフスタイル」そのもの。

　メダカ飼育など誰もしていない時、一人でメダカ飼育に没頭していて、誰に何を言われようが私はメダカに夢中でした。

　今から約 30 年前、1995 年あたり（当時 17 歳）に趣味で野生

メダカを購入したことが全てのはじまりであったように思います。

2004 年めだかやドットコムを発表。実は私は大学を卒業してからの 20 代、大病を患い、思うように仕事をすることができませんでした。最初の本の執筆も実はこの時期であり、30 歳となる 2006 年から企業に勤められるようになったのです。

病に苦しんだ 20 代は、何もできなかった自分が悔しくて、思い出すだけでも涙がこみあげてきます。その悔しさをバネにして、今年で社会に出てから 17 年が経過し、今では 2 つの企業の社長を務めています。

生きる上で必要な事や大事な事はメダカから教わってきました。チャレンジする精神や妥協なき拘りや物づくり、それらを実現するために想像し、どんなに大きなことでも全て可能であると信じて突き進んできました。

この 17 年間、何一つとっても後悔ない選択をしてきました。

これまでの道のり、これらを実現させていくためのライフスタイル

こそが「メダカ」であると私は言いたい。

　今後は次世代の若者や子供達に私が乗り越えてきた事を伝えたり、その中で得てきたものを承継させていきたいという新たな夢を描いています。

　若いころに戻りたいなどと言う人が多いが、私は絶対に戻りたくない。私のチャレンジはまだまだ終わったわけではないし、これから先が楽しみです。

2024 年 5 月　　株式会社 めだかやドットコム

代表取締役　**青木 崇浩**

青木崇浩の歩み
（あおき たかひろ あゆ）

青木 崇浩 Takahiro Aoki
（あおき たかひろ）

1976 年　八王子生まれ八王子育ち
株式会社めだかやドットコム 代表取締役
株式会社あやめ会 代表取締役
めだか専門書 5 冊執筆
自然浄化水槽特許を元に「めだか盆栽」発表。
その他、福祉事業講演家、大学・大学院（福祉学部）講師としても知られる。

「めだかが繋ぐ、新しい福祉の創造へ」
株式会社めだかやドットコム 代表取締役
株式会社あやめ会 代表取締役
元祖めだか総合情報サイト「めだかやドットコム」創設者

【略歴】

2004 年 5 月	総合情報サイト「めだかやドットコム」設立
2010 年	最初となる改良めだか専門書 執筆
2015 年	ミジンコ連続培養特許 取得
2015 年	日本観賞魚フェア 総合優勝
2016 年	株式会社あやめ会 設立
2016 年 10 月	就労継続支援 B 型「めだか販売店」開設
2017 年 6 月	就労継続支援 B 型「メダカフェ」開設
2020 年 6 月	株式会社めだかやドットコム 設立
2021 年 2 月	めだかやドットコム本店八王子 OPA 開設
2021 年 12 月	就労継続支援 B 型「めだかやドットコムミュージアム」開設
2023 年 7 月	就労移行支援「めだかやドットコムレコード」開設
2023 年 11 月	桑都テラス「100 円ラーメン」開業

【音楽】

めだか達への伝言 avex より配信スタート（2021 年 7 月）

medakanouta スペースシャワー TV から発表

【著書】

メダカの飼い方と増やし方がわかる本（2010 年 5 月）
日本一のブリーダーが教えるメダカの育て方と繁殖術（2013 年 6 月）
元気な魚が育つ水槽づくり（2017 年 6 月）
元気なメダカの育て方と増やし方（2018 年 7 月）
メダカの飼育方法 完全版（2022 年 9 月）

●著者紹介

青木崇浩 (あおき・たかひろ)

1976年7月30日生まれ　経営学部卒

日本観賞魚フェア総合優勝者であり、日本メダカの第一人者として知られる。またメダカを使った福祉事業にて、福祉事業主としても船井総合研究所にて講演会を行っている。世界的アクアランドADA、2021年度特約店売上日本一獲得。

2016年水質改善バクテリア特許取得。めだか専門書6冊執筆、魚類学にてベストセラー獲得、メディア出演多数。

2021年10月avexより「めだか達への伝言」リリース。同年、株式会社デサントの協力により、メダカのアイコンを入れた別注アパレルを展開。

活躍するフィールドは医療・福祉分野だけではなく、アパレル、エンタメなど多岐に渡る。また、東北復興支援事業を受託するほど行政からの信頼も厚い。現在青木氏の展開する商品の専門店開店依頼が殺到している。

●関連企業

『講演会事業』株式会社船井総合研究所
『アクア事業』株式会社ADA
『音楽事業』株式会社エイベックス
『アパレル事業』株式会社デサント
『めだか営利事業』イオン株式会社
『めだか盆栽事業』株式会社三越伊勢丹
『めだか盆栽事業』株式会社小田急百貨店

●参考文献

メダカの飼い方と増やし方がわかる本 / 監修・青木崇浩（日東書院）
日本一のブリーダーが教えるメダカの育て方と繁殖術 / 著・青木崇浩（日東書院）
元気な魚が育つ水槽作り / 著・青木崇（日東書院）
元気なメダカの育て方と増やし方 / 監修・青木崇浩（日東書院）
メダカの飼育方法　完全版 / 著・青木崇浩（日東書院）

編集協力／ミナトメイワ印刷（株）、（株）エスクリエート
デザイン／小田 静
本文イラスト／高橋なおみ
写真撮影／小旗和

はじめてのメダカ

2024年6月25日　初版第1刷発行

著　者　青木崇浩
発行者　廣瀬和二
発行所　株式会社日東書院本社
　　　　〒113-0033　東京都文京区本郷1丁目33番13号　春日町ビル5F
　　　　phone：03-5931-5930（代表）
　　　　fax：03-6386-3087（販売部）
　　　　URL：http://www.TG-NET.co.jp
印　刷　三共グラフィック株式会社
製　本　株式会社セイコーバインダリー